福建师范大学教材建设基金出版资助

环境科学与工程实验教学系列教材

环境信息系统实验教程
——Access及ArcGIS技术应用

主　编　王　远
副主编　孙　翔　葛　怡　刘　宁　李文青
参　编　李杨帆　方　强　张　晨　付金鑫
　　　　李　立　伍博炜　陈华阳　罗　进
　　　　黄逸敏　蒋培培　赖文亭
主　审　朱晓东

U0250611

配套资源　微信扫码

● 数据下载
● 视频演示
● 拓展阅读

南京大学出版社

前　　言

随着环境学科的发展，以及近年来国家资源与环境领域研究需求，对"环境信息系统"的理解和认识更为深刻。从当前环境信息系统发展趋势来看，可以将"环境信息系统"定义为"一切用于环境管理、环境科学研究等与环境保护相关的信息系统都称为环境信息系统"。从广义而言，是将数据库、地理信息系统技术作为环境信息系统主要的计算机支撑技术，来分析和解决环境问题。为此，环境信息系统课程建设应当包括数据库和地理信息系统的相关内容和要求。

1. 实验目的

作为《环境信息系统》的上机实验课程，环境信息系统上机实验通过数据库基础知识的应用与地理信息系统的上机演练，锻炼学生独立设计数据库处理信息的能力与使用地理信息系统进行空间数据分析的能力，尤其是结合已知环境信息进行综合分析的能力。

本实验课程的基本要求是理解数据库与地理信息系统的原理，掌握基本的数据库设计与地理信息系统使用方法，能够相对独立地完成简单数据库设计及环境地理信息数据的空间分析。在本书每一个实验的编写中，不仅提出了明确的实验目的与要求，对操作步骤也作了详细的说明，这有助于解决学生的疑惑，培养学生对实际问题进行处理分析的能力。

环境信息系统是一门理论与实践结合很强的课程，实践更是非常重要的一个环节，必须保证学生有足够的上机时间，同时还应鼓励学生利用课余时间多上机实践。学生不能认为完成课程所要求的教学任务就已达到要求，而应该努力使自己养成能够独立分析处理实际问题的能力，这样的学习才能有真正的收获。

2. 实验准备

在上机实验前应做好准备工作，以提高上机效率，具体要求包括：

(1) 对实验教学软件性能、使用方法及其运行环境有适当的了解。

(2) 对于不同实验复习相关的教学内容，掌握本实验相关的知识点。

(3) 每次的实验操作应按照教师的要求独立完成，对于其中不明白的地方应该做好标记。

(4) 每次实验前都应准备好实验所需的数据。

(5) 做好每次实验后的回顾和实验报告书写工作。

3. 实验安排原则

本实验教程包含数据库应用 6 个实验和地理信息系统应用 12 个实验。实验教程安排综合考虑了各实验的具体要求，由浅入深，前后相关。教师教学时可自主选择安排实验内容。

4. 实验结果

实验结束后应对实验结果进行整理和认真分析，对于部分实验还要求写出实验报告。通过对实验结果的处理，可以对整个实验进行总结，加深印象，积累经验，提升处理问题的能力。实验报告的格式和要求根据不同实验而定。

5. 实验环境

本教程中数据库实验章节选用 Access 作为教学软件。Microsoft Office Access 是由微软发布的关系型数据库管理系统，它结合了 Microsoft Jet Database Engine 和图形用户界面两个特点，是 Microsoft Office 的成员之一。Access 因其易学易用的特点成为最受欢迎的关系型数据库软件之一。本教程数据库实验适用于 Access 2010/2013，在 Access 2003/2007 版本上运行对实验操作整体影响不大，教师可根据实际情况做适当改动。

本教程中地理信息系统实验章节选取 MapInfo 和 ArcGIS 作为教学实验软件。MapInfo 是美国 MapInfo 公司的桌面地理信息系统软件，是一种数据可视化、信息地图化的桌面解决方案。它依据地图及其应用的概念，采用办公自动化的操作、集成多种数据库数据、融合计算机地图方法、使用地理数据库技术、加入了地理信息系统分析功能，形成了极具实用价值的、可以为各行各业所用的大众化小型软件系统。ArcGIS 是由 ESRI 出品的地理资讯系统系列软件，它可以实现收集并管理数据、创建专业地图、执行传统和高级的空间分析并解决实际问题。其桌面版 ArcGIS for Desktop 作为 GIS 的基础可通过使用 ArcMap、ArcCatalog、ArcGlobe、ArcScene 或 ArcGIS Pro 在桌面上创建地图、执行空间分析、管理地理数据和共享结果。本教程中地理信息系统实验适用于 MapInfo Professional 7.X 和 ArcGIS10.0，其他更高级版本对实验操作整体影响不大，教师可根据实际情况做适当改动。

本教材中的二维码提供了相关教学资料，可以手机阅读。

王　远
二〇一八年冬

目 录

第一部分　环境数据库实验 ·································· 1
- 实验一　表的创建与数据输入 ································ 1
- 实验二　表之间的关系与简单查询 ···························· 10
- 实验三　查询进阶 ······································· 19
- 实验四　数据窗体 ······································· 25
- 实验五　数据报表 ······································· 34
- 实验六　数据库设计 ····································· 40

第二部分　地理信息系统实验 ································ 41
- 实验七　了解 GIS 桌面软件 ArcGIS 和 MapInfo ··············· 41
- 实验八　矢量图的形状编辑及属性表更新列操作 ················· 52
- 实验九　遥感影像图矢量化操作（1）
  ——栅格图像的地理坐标配准 ···························· 67
- 实验十　属性数据输入 ···································· 78
- 实验十一　遥感影像图矢量化操作（2）
  ——厦门市翔安区光电产业园绿地矢量化案例 ················ 90
- 实验十二　条件查询初级篇 ································ 106
- 实验十三　条件查询提高篇 ································ 115
- 实验十四　规范出图的基本操作 ···························· 131
- 实验十五　专题图制作与分析（1）
  ——世界各国 2008 年 CO_2 排放量分布图制作案例 ········ 141
- 实验十六　专题图制作与分析（2）
  ——格网专题图制作案例与城市建设用地扩张分析
  案例 ··· 154

实验十七　ArcMap 和 MapInfo 热链接……………………………………… 189
实验十八　综合应用
　　　　——利用 ArcGIS 和 MapInfo 进行生态适宜度评价…… 193

附　录 ………………………………………………………………………… 214
　ArcMap 上机模拟考试题(一)……………………………………………… 214
　ArcMap 上机模拟考试题(二)……………………………………………… 219
　MapInfo 上机模拟考试题(一)……………………………………………… 225
　MapInfo 上机模拟考试题(二)……………………………………………… 230

第一部分 环境数据库实验

实验一 表的创建与数据输入

一、实验目的

（1）大体了解 Access 数据库 7 种对象，主要的菜单功能。

（2）学会建立数据库，以各种方式创建表，熟悉表的各项属性。了解主键的含义和要求。

（3）学会在表中添加、移动、修改、删除字段，复制、粘贴和移动值，冻结、隐藏表中列。学会对表中数据进行筛选操作。

二、基本知识与操作

表就是数据库中用来存放数据的场所。"表"都有一些共同的特性，一是表中可以存储数据，二是这些数据在表中都有很规则的行列位置。"表"是数据库中最基本、最重要的一个部分。所以要想建立一个数据库，必须先要掌握建立表的方法。

（一）表结构

在数据库中，表又称为二维表，它由若干行和列组成。表的相关概念包括：

1. 字段

表中的列称为字段，它描述数据的某类特性。例如，学生信息表中的学号、姓名、性别等，分别描述了学生的不同特性。

2. 记录

表的行称为记录，它由若干个字段组成。记录描述了某一具体对象（学生）的全部信息。

3. 值

记录和字段的相交处是值——存储的数据，它一般有一定的取值范围。

4. 主键

其值用来唯一标识表中的每一个记录的一个或多个字段，又称为主关键字。例如学生信息表中“学号”是主键。

5. 外键

引用其他表中的主键的字段，外键用于表明表之间的关系。

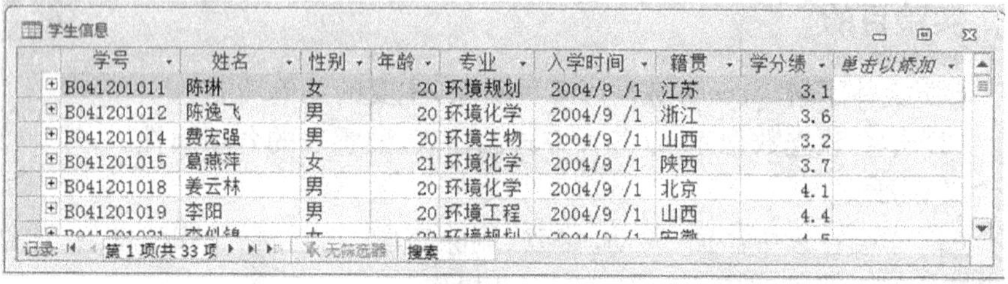

学号	姓名	性别	年龄	专业	入学时间	籍贯	学分绩	单击以添加
B041201011	陈琳	女	20	环境规划	2004/9 /1	江苏	3.1	
B041201012	陈逸飞	男	20	环境化学	2004/9 /1	浙江	3.6	
B041201014	费宏强	男	20	环境生物	2004/9 /1	山西	3.2	
B041201015	葛燕萍	女	21	环境化学	2004/9 /1	陕西	3.7	
B041201018	姜云林	男	20	环境化学	2004/9 /1	北京	4.1	
B041201019	李阳	男	20	环境工程	2004/9 /1	山西	4.4	

图 1-1

（二）字段的类型

字段的类型就是字段的数据类型，不同数据类型的字段用来表达不同的信息。在设计表时，必须要定义表中字段使用的数据类型。Access 中共有文本、数字、日期/时间、查阅向导和附件等 11 种数据类型。数字型数据还细分为字节型、整型、长整型、单精度型和双精度型等几种类型。

表 1-1　Access 中的数据类型

类型名称	数 据 类 型	大小
文本	文本或文本和数字的组合	最多为 255 字节
数字	用于数学计算的数值数据	1、2、4、8 个字节
日期/时间	100～9999 年的日期和时间值	8 个字节
货币	用于数值数据，整数位为 15，小数位为 4	8 个字节
自动编号	自动给每一条记录分配唯一的递增，唯一数值	4 个字节

续 表

类型名称	数 据 类 型	大小
是/否	只包含两者之一 (Yes/No, True/False, On/Off)	一位
备注	长文本、文本和数字的组合或具有 RTF 格式的文本	最多为 65535 个字符
OLE 对象	用于存储其他 Windows 应用程序中的 OLE 对象	最多为 1 GB
超级链接	用来存放链接到本地和网络上的地址,为文本形式	
查阅向导	实际上不是数据类型,用来实现查阅另外表中的数据或从一个列表中选择的字段	与执行查阅的主键字段大小相同
附件	图片、图像、二进制文件、Office 文件。用于存储数字图像和任意类型的二进制文件的首选数据类型	压缩的附件为 2 GB,未压缩的附件大小约为 700 KB

(三) 使用设计视图创建表

数据库 Access 中对于较为复杂的表,通常都是在设计视图中创建的,这种方法较为灵活。例如,在"选课查询"数据库中,创建"学生信息"表,其结构如表 1-2 所示。

表 1-2 学生信息表结构

字段名	类型	字段大小	字段名	类型	字段大小
学号	文本	默认	专业	文本	默认
姓名	文本	默认	入学时间	日期/时间	
性别	文本	2	籍贯	文本	默认
年龄	数字(整型)		学分绩	数字(单精度型)	

使用设计视图建立"学生信息"表的操作步骤如下:

(1) 首先创建一个空数据库"选课查询"。在"创建"选项卡的"表"组中,单击"表设计"按钮。

(2) 打开表的设计视图,按照"学生信息表结构"的内容,在字段名称中输入字段名,在数据类型列中选择相应的数据类型,在常规属性窗格中设置字段大小。如图 1-2 所示。

图 1-2

（3）把光标放在字段选定位置上，按住左键不放开。选中学号字段后松开左键，这时字段被选中，背景为黑色。单击鼠标右键，在快捷菜单中，单击"主键"按钮，或者在"设计"选项卡中，单击"主键"按钮。设置完成后，在学号的字段选定器上出现钥匙图形，表示这个字段是主键。

（4）单击"保存"按钮，以"成绩"为名称保存表。

（四）通过导入来创建表

可以通过导入其他位置存储的信息来创建表。例如，可以导入自 Excel 工作表、SharePoint 列表、XML 文件、其他 Access 数据库、Outlook 文件夹以及其他数据源中存储的信息。

例如，将"学生信息.xls"导入"选课查询"数据库中，操作步骤如下：

（1）打开"选课查询"数据库，在功能区，选中"外部数据"选项卡，在"导入"组中，单击"Excel"命令按钮。

（2）如图 1-3 所示，在打开的"获取外部数据"对话框中，单击"浏览"按钮。

图 1-3

(3) 在"打开"对话框中,将"查找范围"定位于外部文件所在文件夹,选中导入的数据源文件"学生信息.xls",单击"打开"按钮。

(4) 返回到"获取外部数据"对话框中,单击"确定"按钮。

(5) 在打开的"请选择合适的工作表或区域"对话框中,直接单击"下一步"按钮。

(6) 在打开的"请确定指定的第一行是否包含列"对话框中,选中"第一行包含列标题"复选框,然后单击"下一步"按钮。

(7) 在打开的"指定有关正在导入的每一字段信息"对话框中,指定"学号"字段的数据类型为"文本",索引项为"有(无重复)"。然后依次设置其他字段信息。单击"下一步"按钮。

(8) 在打开的"定义主键"对话框中,选中"我自己选择主键"单选按钮,选定"学号"字段,然后单击"下一步"按钮。

(9) 在打开的指定表的名称对话框中,在"导入列表"文本框中,输入"学生信息",然后单击"完成"按钮。

到这里完成使用导入方法创建表的过程。

(五) 定义主键

在数据库中,每个表通常都应有一个主键。使用主键不仅可以唯一标识表中每一条记录,还能加快表的索引速度。在 Access 中,有三种类型的主键:自动编号、单字段和多字段。将自动编号型字段指定为表主键是定义主键最简单的方法。自动编号主键的特点是:当向表中增加一条新记录时,主键字段值自动加 1;但是在删除记录时,自动编号的主键值会出现空缺不连续,且不会自动调整。如果表中某一字段的值可以唯一标识一条记录,例如"学生信息"的"学号",那么就可以将该字段指定为主键。如果表中没有一个字段的值可以唯一标识一条记录,那么就可以考虑选择多个字段组合在一起作为主键,来唯一标识记录,例如"选课信息"中,可以把"学号"和"课程代码"两个字段组合起来作为主键。

(六)添加或删除字段

在创建 Access 表之后,有时需要修改表的设计,在表中增加或删除字段。在 Access 中,可以在"设计"视图和"数据表"中添加或删除字段。

在"设计"视图中添加或删除字段的操作步骤如下:

(1)在"选课信息"数据库中,打开"学生信息"表并切换到"设计"视图。例如添加一个"出生日期"字段,选中"系列"字段行。

(2)这时自动打开"设计"选项卡。在工具组中,选择"插入行"命令。

(3)这时出现一个空字段,在该字段中,输入字段名称"出生日期",字段的数据类型设置成"日期/时间",在"说明"列中输入该字段的有关说明。

(4)若要删除一个或多个字段,首先需要选定这些字段。在工具组中,选择"删除行"命令。

在"数据表"视图中添加或删除字段的操作步骤如下:

在"数据表"视图中添加或删除字段的操作,通过使用"插入"菜单和"编辑"菜单即可完成。操作步骤如下:

(1)在"数据表"视图中打开表。

(2)右击左边插入新列的列,在弹出的快捷菜单中,单击"插入列"菜单命令。

(3)双击新列的标题,当名称变为反白(黑底白字)后,为该列输入名称,如果需要进一步设计该字段的属性,打开"设计"视图进行设置即可。

(4)如果要删除某个列字段,右击要删除的列字段,然后单击"删除列"菜单命令即可。

(七)冻结或隐藏列

数据输入到表之后,就可以方便地在 Access 中查看数据。但如果一个表字段太多，而需要将某些字段始终显示在可视区，这时可以通过 Access 中"冻结列"的方法来实现，冻结后的列不会随着滚动条的拖动而移动。要在表中冻结几个列，只需先将这几个列选中，然后点击鼠标右键，单击"冻结字段"命令，这样选中的列就被冻结了。如果不需要再让这些列处于冻结状态，只要单击"取消冻结所有字段"命令，就可以了。

为了让表中的某些列一直显示在屏幕上，可以将这些列冻结。但有时候为了将主要的数据字段列保留在窗口中进行观察，可以将暂时不需要的数据字段隐藏起来。将鼠标移动到需要隐藏列的字段标题处，单击鼠标右键，然后在弹出的菜单上选择"隐藏字段"选项。这样选中的列就被隐藏了。要取消对一个列的隐藏，先将鼠标移动到表以外的任何地方，单击鼠标右键，然后在弹出的菜单上单击"取消隐藏字段"命令，弹出"取消隐藏列"对话框，如图 1-4 所示。

图 1-4

"取消隐藏列"对话框的列表框中列有表的所有字段，而且每个字段前面都有一个方框，没有隐藏的列前面的方框中有"√"号，而隐藏了的列前面的方框中是空的。要取消对一个列的隐藏，只要单击这个列前面的方框，使它里面出现一个"√"符号，就可以取消隐藏。完成以后单击对话框上的"关闭"按钮。

（八）排序和筛选

在"开始"工具栏上有很多按钮。其中，"升序"和"降序"是指表中的各个记录按照一定的顺序进行排列。单击"升序"按钮后所有记录按照从小到大的方式排列，单击"降序"按钮后所有记录按照从大到小的方式进行排列。闪动的光标位于哪个字段,就以那个字段的值作为判断大小顺序的标准。

在工具栏上的"排序和筛选"选项卡单击"高级"将会有三个"筛选"按钮,它们是"按选定内容筛选"、"按窗体筛选"和"应用筛选/删除筛选"按钮。例如,将光标移动到字段"籍贯"的一个值"江苏"所在的方格内后,单击"按选定内容筛选"按钮进行筛选,这时只有在字段"籍贯"中的值是"江苏"的记录才显示出来。单击"删除筛选"按钮,其余的记录又都显示出来。选中表中的某个方格时,这个方格内的数据值就成为进行筛选操作的"标准",单击"按选定内容筛选"按钮后,Access 就会将该字段上拥有同样内容的记录"筛选"出来,而将其他的记录先隐藏起来。单击"删除筛选"可以把这个"筛选"功能取消。还有一个按钮是"按窗体筛选"按钮,单击这个按钮,你会发现表中只剩下了一个记录,在方格的右侧出现一个"下拉"按钮。单击"下拉"按钮,就会发现它是个"组合框"的下拉箭头,下拉框中包括了这个字段中所有的值。在下拉框中单击一个选项,再用鼠标单击"应用筛选"按钮,与选中的值相关的整条信息都显示了出来。

三、实验内容

(一)创建"学生信息"表

(1)建立一个空数据库,并将其命名为"选课查询"。

(2)建立一个表,命名为"学生信息"。

(3)添加 7 个字段:学号、姓名、性别、年龄、专业、入学时间、学分绩,将学号设为主键。各字段在数据表视图中显示的列标题均为其字段名称。

(4)设置各字段属性要求:

学号:数据类型为"文本",为必填字段。设置输入的掩码格式为字母"A"+9 个数字"0"。

姓名:数据类型为"文本"。

性别:数据类型为"文本"。

年龄:数据类型为"整型"。

专业:数据类型为"文本",默认值为"环境规划",设置索引,允许有重复的值。

入学时间:数据类型为"日期/时间",设置掩码格式为"2006/4/1"。

学分绩:数据类型为"单精度",保留 2 位小数,且设置输入值范围必须在 0~5 之间。否则出现文本对话框"学分绩必须在 0~5 之间"。

(5) 在字段"年龄"和"入学时间"之间添加字段"籍贯",数据类型为"文本"。

(6) 使表中的"学号、姓名、专业"始终显示。

(7) 筛选出专业为"环境规划"的男同学。

(二) 创建"课程信息"和"选课信息"表

建立另外两张表"课程信息"和"选课信息"作为数据库"选课查询"信息系统的基础。

(1) 建立表"课程信息",添加字段:课程代码、课程名、课程类别、学分、教师、上课时间、上课地点,分别设置相应的字段属性。设置主键为"课程代码"。

表 1-3

课程代码	课程名	课程类别	学分	教师	周学时	上课时间	上课地点	先修课程代码
D001	制图	D	2	张云	2	周一1,2	教201	B001
C002	化学	C	2	李红	4	周二3,4,5,6	馆102	A001
C001	物理	C	2	赵凡	2	周三1,2	教304	B001
B002	英语	B	3	刘磊	3	周五5,6	教204	
B001	高数	B	4	李玉	4	周四5,6,7,8	馆402	
A002	自然辩证法	A	3	张建	2	周二7,8	馆304	
A001	科学社会主义	A	3	孙玲	2	周一3,4	教203	A002

(2) 建立表"选课信息",添加字段:学号、课程代码、成绩,设置各字段属性。设置复合主键为"学号+课程代码"。

学号	课程代码	成绩

实验二　表之间的关系与简单查询

一、实验目的

（1）理解表之间的一对一、一对多、多对多关系，学会建立、删除关系，了解关系的一些属性，如完整性规则、级联更新、级联删除。

（2）学会建立简单的查询，练习在查询中更改联接属性，学会在查询中汇总数据。

二、基本知识与操作

（一）表之间的关系

表必须相互协调，以便检索相关信息。这种协调是通过创建表之间的关系来实现的。关系数据库的工作方式是：使每个表的键字段（主键或外键）中的数据与其他表中的数据匹配。大多数情况下，这些匹配字段是一个表中的主键，并且是其他表中的外键。例如，通过在"学生信息"表的"学号"字段和"选课信息"表的相同字段之间创建关系，可以将学生与选课相关联。

在关系数据库中，表与表之间的关系有三种：

1. 一对多的关系

这是最普通的关系。对于表 A 的每一个记录，表 B 中有几个记录（可以为0）和它相关；反之，对于表 B 的每一个记录，表 A 中至多有一个记录和它相关。例如，对于"学生信息"表的一个学号，在"选课信息"中有多门课程的成绩与之相对应。

2. 多对多的关系

在这类关系中，对于表 A 的每一个记录，表 B 中有多个记录（可以为0）和它相关，同样，对于表 B 的每一个记录，表 A 中有多个记录（可以为0）和它相关。例如，"学生信息"表和"课程信息"表，每个学生可以选择多门课程，每门课程可以有多个学生选修。对于多对多的关系，需要建立第三个表，把多对多关系转化为两个一对多关系。例如，对于学生表和课程表的多对多关系，增加一个成绩表，转换成为两个一对多关系。

3. 一对一关系

在此类关系类型中,对于表 A 的每一个记录,表 B 中至多有一个记录和它相关,反之亦然。

在关系性数据库中,大量处理的是一对多关系,也有少量的一对一关系。

(二) 建立表之间关系

在表之间建立"关系",首先单击"数据库工具"菜单下的"关系"命令,弹出"关系"对话框,上面还有一个"显示表"对话框如图 2-1,通过"显示表"对话框可以把需要建立关系的"表"或"查询"加到"关系"对话框中去。

图 2-1

将两个表"学生信息"和"选课信息"都选中,单击"添加"按钮把它们都添加到"关系"对话框上,单击"关闭"按钮把"显示表"对话框关闭。以后再需要打开它时,只要在"关系"对话框上单击鼠标右键,选择"显示表"命令就可。

在"关系"对话框中显示出"学生信息"和"选课信息"的字段列表。由于表都是由字段构成的,表之间的关系也由字段来联系。让不同表中的两个字段建立联系以后,表中的其他字段自然也就可以通过这两个字段之间的关系联系在一起了。即在"学生信息"中的"学号"和"选课信息"中的"学号"两个字段之间建立关系就可以了。先在"学生信息"字段列表中选中"学号"项,然后按住鼠标左键并拖动鼠标到"选课信息"中的"学号"项上,松开鼠标左键,这时在屏幕上出现"编辑关系"对话框。

图 2-2

这个对话框可以帮助编辑所建立的关系,通过左面的列表框能改变建立关系的两个字段的来源。可以单击"新建..."按钮创建新的关系,或者单击"联接类型"为联接选择一种联接类型。单击"创建"按钮,创建关系如图 2-3 所示。

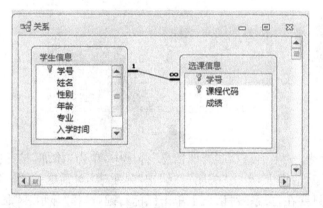

图 2-3

现在在两个列表框间就出现了一条"折线",将"学生信息"和"选课信息"两个数据表联接在一起。关闭"关系"对话框,并保存对"关系"布局的修改,表间关系就建立了。

(三)"关系"与"子数据表"

打开"学生信息"表,会发现这个表中增加了一些新的表,它们是"学生信息"的子表,也就是"选课信息"表。

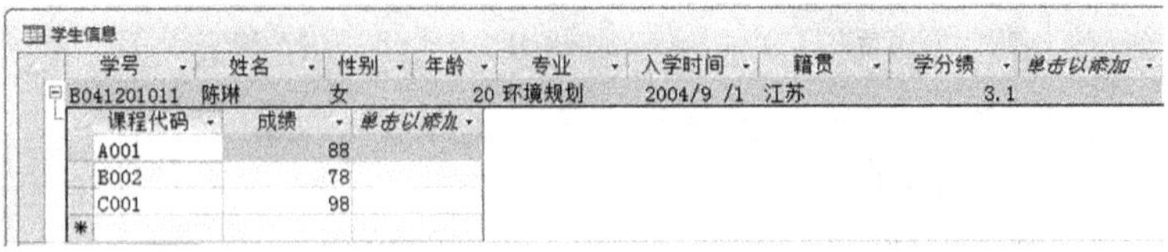

图 2-4

在这种"一对多"的情况下,完全可以通过"学生信息"表中的"学号"信息将这两个表的内容都串起来。在主表中的每一个记录下面都会带着一个甚至几个子表中的"选课信息"记录。具有"一对一"关系的两个表之间互为对方的"子表"。

通常在建立表之间的关系以后,Access 会自动在主表中插入子表。但这些子表一开始都是不显示出来的。在 Access 中,让子表显示出来叫作"展开"子数据表,让子表隐藏叫作将子数据表"折叠"。展开的时候方便查阅选课信息,而折叠起来以后又可以比较方便地管理"学生信息"表。

要"展开"子数据表,只要用鼠标单击主表第一个字段前面一格,对应记录的子记录就"展开"了,并且格中的小方框内"加号"变成了"减号"。如果再单击一次,就可以把这一格的子记录"折叠"起来了,小方框内的"减号"也变回"加号"。如果主表很大的话,这样一个一个地"展开"和"折叠"子数据表就显得太麻烦了,Access 提供了一种操作方式,它可以快捷"展开"或"折叠"当前数据表的所有子数据表。打开一个带有子数据表的表时,在"开始"菜单中"记录"选项卡中单击"其他",在下拉菜单中选择"子数据表",有三个命令"全部展开""全部折叠"和"删除"。"全部展开"命令可以将主表中的所有子数据表都"展开","全部折叠"命令可以将主表中的所有子数据表都"折叠"起来。不需要在主表中显示子数据表的这种方式来反映两个表之间的"关系"时,就可以使用"删除"命令来把这种用子数据表显示的方法删除。但这时两个表的"关系"并没有被删除。如果想恢复在主表上显示"子数据表"的形式,可以先打开主表,例如"学生信息"表,单击"插入"菜单下的"子数据表"命令,弹出"插入子数据表"对话框如图 2-5 所示。

在列表框中选取"表"→"选课信息"表,然后在"链接子字段"组合框中选取"学号"字段,并在"链接主字段"组合框中选取"学号"字段,单击"确定"按钮就可以在主数据表"学生信息"表中重新插入子数据表"选课信息"表了。必须要注意的是在任何一个数据表中插入子数据表都需要在两个表之间建立"关系",如果这两个表的"主链接字段"和"子链接字段"之间还没有建立联

图 2-5

结,在单击"确定"按钮插入"子数据表"的时候就会询问是否要在这两个表之间建立相应的"关系"。只有建立"关系"以后,才能完成"插入子数据表"过程。用这样的方式在表之间建立"关系"不像在"关系"对话框中建立的"关系"那样直观。所以提倡在"关系"对话框中建立好表与表之间的"关系",由 Access 自动地创建子数据表。

(四) 创建简单查询

查询是 Access 中另一个非常重要的内容。在实际工作中使用数据库中的数据时,并不是简单地使用这个表或那个表中的数据,而常常是将有"关系"的很多表中的数据一起调出使用,有时还要把这些数据进行一定的计算以后才能使用。如果再建立一个新表,把要用到的数据拷贝到新表中,并把需要计算的数据都计算好,再填入新表中,就显得太麻烦了,用"查询"对象可以很轻松地解决这个问题,它同样也会生成一个数据表视图,看起来就像新建的"表"对象的数据表视图一样。"查询"的字段来自很多互相之间有"关系"的表,这些字段组合成一个新的数据表视图,但它并不存储任何的数据。当我们改变"表"中的数据时,"查询"中的数据也会发生改变。

数据库查询功能主要可以通过"选择查询"来实现。"选择查询"就是从一个或多个有关系的表中将满足要求的数据提取出来,并把这些数据显示在新的查询数据表中。而其他的方法,像"交叉查询"、"操作查询"和"参数查询"等,都是"选择查询"的扩展。

创建"选择查询"可以直接用"查询设计视图"来建立新的查询。直接使用查询设计视图建立查询可以帮助理解数据库中表之间的关系,看到要查询的字段之间是如何联系的。

单击"在设计视图中创建查询"后,屏幕上出现"查询"窗口,它的上面还有一个"显示表"对话框。单击"显示表"对话框上的"两者都有"选项,在列表框中选择需要的表或查询。"表"选项卡中只列出了所有的表,"查询"选项卡中只列出了所有的查询,而选择"两者都有"就可以把数据库中所有"表"和"查询"对象都显示出来。

图 2-6

单击所需要的表或查询,然后单击对话框上的"添加"按钮,这个表的字段列表就会出现在查询窗口中。将"选课查询"数据库中的"学生信息"表和"选课信息"表都添加到查询窗口中。添加完提供原始数据的表后,就可以把"显示表"窗口关闭,回到"查询窗口"中准备建立"查询"了。

查询窗口可以分为两大部分,窗口的上面是"表/查询显示窗口",下面是"示例查询设计窗口","表/查询显示窗口"显示查询所用到的数据来源,包括表、查询。窗口中的每个表或查询都列出了它们的所有字段。下方的"示例查询窗口"则是用来显示查询中所用到的查询字段和查询准则。

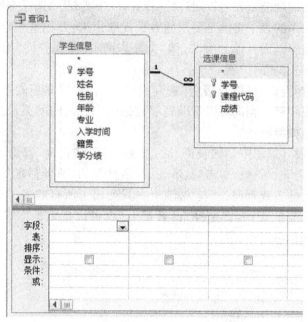

图 2-7

现在"表/查询显示窗口"中已有添加的几个表，接下来是往查询设计表格中添加字段，所添加的字段叫作"目标字段"，向查询表格中添加目标字段有两种方法：

第一种方法可以在表格中选择一个空白的列，单击第一行对应的一格，格子的右边出现一个带下箭头的按钮，单击这个按钮出现下拉框，在下拉框中就可以选择相应的目标字段。

第二种方法更简单，例如要添加"学生信息"表中的"学号"字段，就先选中"学生信息"这个表，然后在它的列表框中找到需要的字段"学号"，将鼠标移动到列表框中标有这个字段的选项上，按住鼠标左键，这时鼠标光标变成一个长方块，拖动鼠标将长方块拖到下方查询表格中的一个空白列，放开鼠标左键，这样就完成了将"学生信息"表中的"学号"字段添加到查询表格中了。在"表/查询"窗口中如果有很多对象时，这种方法就比第一种方法显得方便多了。

如果要删除一个目标字段，将鼠标移动到要删除的目标字段所在列的选择条上，光标会变成一个向下的箭头，单击鼠标左键将这一列都选中，敲击键盘上的"DELETE"键，选中的目标字段就被删除了。

把需要的字段都添加到查询中，就可以看看建立"查询"的结果。

查询的数据表视图与表的数据表视图之间有很多差别。在查询数据表中无法加入或删除列，而且不能修改查询字段的字段名。这是因为由查询所生成的数据值并不是真正存在的值，而是动态地从表对象中调来的，是表中数据的一个镜像。查询只是告诉 Access 需要什么样的数据，而 Access 就会从表中查出这些数据的值，并将这些数据的值反映到查询数据表中，也就是说这些值只是查询的结果。我们刚才选择目标字段就是告诉 Access 需要哪些表、哪些字段，而 Access 会把字段中的数据列成一个表反馈给我们。当然在查询中我们还可以运用各种表达式来对表中的数据进行运算生成新的查询字段。

如果希望数据表计算出学生每门课的"课程学分绩"，可以在查询中使用表达式来计算。先在查询的设计窗口中添加一个目标字段，就是查询数据表中最后的"课程学分绩"字段，因为这个字段不在任何一个表中，所以必须手动将它输入到查询表格的一个空列中。在列的字段行首先输入"课程学分绩"，然后输入"："（注意必须输入英文模式下的"："），接着输入"[课程信息]![学分]＊[选课信息]![成绩]"，再切换到查询的数据表视图看看结果，查询新增了"课程学分绩"列，并且自动算出结果。

学号	课程代码	学分	成绩	课程学分绩
B041201012	D001	2	56	112
B041201015	D001	2	87	174
B041201018	D001	2	78	156
B041201029	D001	2	76	152
B061201030	D001	2	89	178
B041201031	D001	2	78	156
B051201013	C002	2	67	134
B051201016	C002	2	86	172
B041201021	C002	2	78	156
B041201026	C002	2	78	156
B041201032	C002	2	87	174
B061201038	C002	2	89	178

图 2-8

在写计算表达式的时候必须注意它的格式，首先是字段名称，接着是"："然后是表达式的右边部分，在用到本查询中的目标字段时，必须将字段名用方括号括起来，在字段名前面加上"[所用表的表名]！"符号来表示它是哪个表中的字段。

三、实验内容

(1) 将文件“学生信息. xls”和“选课信息. xls”中的数据导入至相应表中。

(2) 了解表“学生信息”、“课程信息”、“选课信息”间关系，一个学生可选多个课程，每个课程可被多个学生选中。建立“学生信息”与“选课信息”间关系（一对多），“课程信息”与“选课信息”间关系（一对多）。如图 2-9 所示。

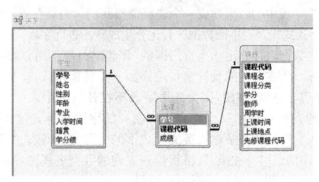

图 2-9

(3) 尝试“级联删除相关字段”和“级联更新相关字段”选项的功能。

(4) 创建查询命名为“选课 1”，添加表“学生信息”、“选课信息”，添加新字段“学号”、“课程代码”。显示所有学生的“学号”（包括没有选课的学生）和已选课学生所选“课程代码”，按照课程代码升序排序。

(5) 创建新查询命名为“选课 2”，包含表“课程信息”、“学生信息”、“选课信息”，要求查询出已经选过课的学生的“学号”、“课程代码”、“学分”、“成绩”。

(6) 在“选课 2”查询中汇总每个学生每门课的学分绩，命名为“课程学分绩”。学分绩的算法：课程学分绩＝学分 * 成绩。

(7) 建立查询“选课 3”，显示出所有学生（包括未选课的学生）的“学号”、“姓名”、“专业”，已选课学生的所选课程的“课程代码”，“课程名”、“成绩”。如图 2-10 所示。

学号	姓名	专业	课程代码	课程名	成绩
B041201018	姜云林	环境化学	D001	制图	78
B041201019	李阳	环境工程			
B041201021	李似锦	环境规划	A002	自然辩证法	98
B041201021	李似锦	环境规划	A002	自然辩证法	87
B041201021	李似锦	环境规划	A002	自然辩证法	78
B041201021	李似锦	环境规划	B001	高数	98

图 2-10

实验三 查询进阶

一、实验目的

（1）练习复杂查询,熟悉生成器中各运算符的意义与用法,包括数学、关系、字符串、布尔运算符。能够运用它们操作查询。

（2）了解交叉表查询、更新查询、追加查询、删除查询等查询类型。

二、基本知识与操作

（一）查询中的选择准则

Access 查询选择准则是对查询中目标字段限定选择准则,从而检索出符合条件的记录。往查询里添加选择准则,有两个问题应该考虑,首先是为哪个字段添加"准则",其次就是要在这个字段添加什么样的"准则"。例如,检索专业为"环境规划"的学生选修课程的情况,很明显就是为"专业"字段添加"准则",而添加的准则就是限制"专业"字段中的值只能等于"环境规划"。如图 3-1 所示。

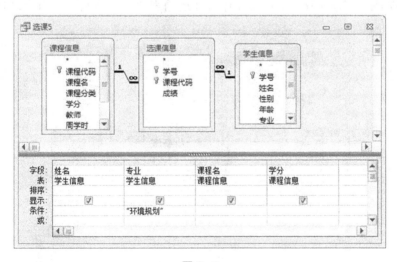

图 3-1

但当需要对查询记录中的几种信息同时进行限制的时候,就需要将所有这些限制规则一一添加到需要的字段上,这样只有完全满足限制条件的那些记录才能显示出来。例如,查询"高数"成绩在[80~90]分之间的学生,就可在"课程名"和"成绩"上都添加一个规则,让"课程名"为"高数","成绩"的选择准则为">=80 And <=90"。这个查询的数据表,只有同时满足这两个条件限制的记录才会被选出来,如图3-2所示。

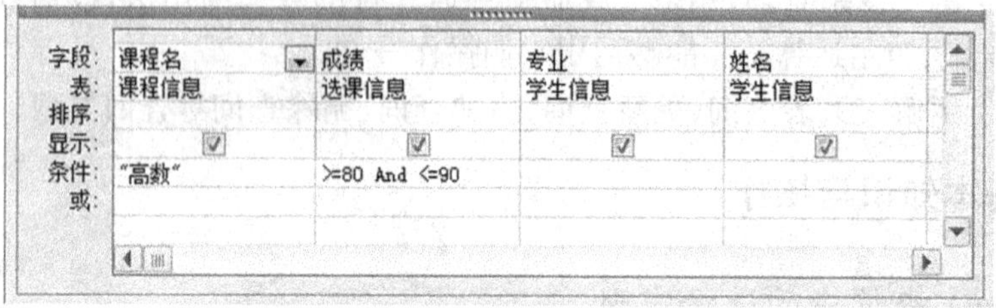

图 3-2

(二) 表达式生成器

在制定规则的时候,有时会用到很多函数或表中的字段名。为了解决这种问题,Access 提供了一个名叫"表达式生成器"的工具。在这个工具中,给我们提供了数据库中所有的"表"或"查询"中"字段"名称、窗体、报表中的各种控件,还有很多函数、常量及操作符和通用表达式。将它们进行合理搭配,

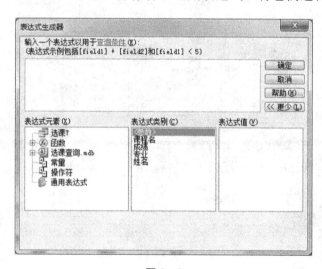

图 3-3

就可以书写任何一种表达式，十分方便。

打开"表达式生成器"，在查询的规则行中单击鼠标右键，在弹出的菜单中可以看到一个"生成器……"的命令，单击它以后就会弹出一个"表达式生成器"。

在这个"表达式生成器"中，上方的这个方框用来输入"表达式"，是"表达式编辑框"，下面是三个列表框，最左面的这个框中是最基本的选项，选中这些选项以后，第二个列表框中就会出现次一级的列表。再选中第二个列表中的某一项，第三个列表框中就会出现更下一级的列表，在第三个列表中单击某一项，就可以将这一项加到表达式编辑器中了。

可以在 Access 中任何需要表达式的位置上使用，只要单击鼠标右键，然后在弹出的菜单上单击"生成器……"命令，就可以打开编辑表达式了。表达式生成器上可以使用如下符号：

"+"、"－"、"＊"、"/"等符号，代表数学运算中的"加"、"减"、"乘"、"除"四种运算符号。使用"&"符号可以使两个表达式强制连接在一起，例如："数据库"&"使用指南"将返回："数据库使用指南"，也就是将这两个字符串连接在一起，左边的字符串在前面，右边的字符串在后面。

"="、"＞"、"＜"、"＜＞"这四个符号分别表示"等于"、"大于"、"小于"、"不等于"，它们都是用来判断某个条件是否为满足，例如："＝34"表示当某个值等于 34 时才算满足这个条件。"＜＞'北京'"表示当某个值不等于字符串"北京"时才算满足了条件。

"And"、"Or"、"Not"这三个逻辑运算符是用来连接上面的这些条件表达式的。比如："＞100 And ＜300"就表示只有某个值大于 100 并且小于 300 时才能算条件满足；"＞100 Or ＜300"则表示这个值要大于 100 或者小于 300，实际上就是任何数都满足这个条件；"Not ＞100"这个表达式则表示只要这个值不大于 100，这个条件就算满足了。

Access 中还有一个符号"Like"。这个符号常常用在对一个字符型的值进行逻辑判断，是否这个值满足某种格式类型。所以通常"Like"并不单独使用，常常还要跟一些别的符号："?"表示任何单一字符；"＊"表示零个或多个字符；"♯"表示任何一个数字；"[字符列表]"表示字符列表中的任何单一字符；"[!字符列表]"表示不在字符列表中的任何单一字符。例如，Like"中国?"则字符串"中国人"、"中国字"都满足这个条件；Like "中国＊"则字符串"中国"、"中国人"、"中国人民银行"这些都满足这个条件；Like "表♯"则字符串"表1"、"表2"都满足这个条件；Like "[北京,上海,广州]"则只有字符串

"北京"、"上海"、"广州"可以满足条件；Like "[！北京,上海,广州]"则只有字符串"北京"、"上海"、"广州"不能满足条件。

(三) 交叉表查询

交叉表查询可以计算并重新组织数据的结构,这样可以更加方便地分析数据。交叉表查询可以计算数据的统计、平均值、计数或其他类型的总和。

在创建交叉表查询时,需要指定哪些字段包含行标题,哪些字段包含列标题以及哪些字段包含要汇总的值。在指定列标题和要汇总的值时,其中每个只能使用一个字段。在指定行标题时,最多可使用三个字段。

可以通过使用设计视图创建交叉表查询,可以根据需要使用任意多个记录源(表和查询)。不过,也可以让设计简单些,方法是：先创建一个返回所需的全部数据的选择查询,然后将该查询用作交叉表查询的唯一记录源。当在设计视图中生成交叉表查询时,使用设计网格中的"总计"和"交叉表"行指定哪个字段的值将成为列标题,哪些字段的值将成为行标题,哪个字段的值将用于计算总计、平均值、计数或其他计算。

(四) 操作查询

操作查询是在一个操作中更改或移动许多记录的查询。操作查询供有4种类型：删除、更新、追加与生成表。

(1) 删除查询：删除查询可以从一个或多个表中删除一组记录。

(2) 更新查询：更新查询可对一个或多个表中的一组记录进行全面更改。例如,可以将所有教师的基本工资增加10%。使用更新查询,可以更改现有表中的数据。

(3) 追加查询：追加查询可将一个或多个表中的一组记录追加到一个或多个表的末尾。

(4) 生成表查询：生成表查询利用一个或多个表中的全部或部分数据创建新表。例如,在教学管理中,生成表查询用来生成不及格学生表。

(五) SQL 查询

SQL 查询是用户使用 SQL 语句直接创建的一种查询。实际上,Access 所有的查询都可以认为是一个 SQL 查询,因为 Access 查询就是以 SQL 语句为基础来实现查询的功能。不过在建立 Access 查询时并不是所有的查询都可以在系统所提供的查询"设计"视图中进行创建。由于查询只能通过

SQL 语句来实现，SQL 查询可以分为以下四类：联合查询、传递查询、数据定义查询和子查询。要想在 Access 中建立 SQL 查询，首先要建立一个新的查询，然后单击"视图"菜单，选择"SQL 视图"命令，这样在屏幕上就出现了一个文本框，用来书写 SQL 语句。将用到的 SQL 语句输入完毕后，再单击"视图"菜单，选择"数据表视图"命令，就可以看到刚才 SQL 语句所起的作用了。

三、实验内容

（1）建立查询"选课 4"：查询上课时间在"周二"的课程，显示"课程名"、"上课时间"、"先修课程"，选修该门课程的学生"姓名"、"专业"。

（2）建立查询"选课 5"：查询选了"自然辩证法"且课程专业为"环境规划"的学生，显示这些同学的"姓名"、"专业"、选修课程的"课程代码"、"学分"。

（3）建立查询"选课 6"，查询没有"先修课程"的课程，显示出选这些课的学生"姓名"、"专业"、"课程名"、"学分"、"成绩"。

（4）建立查询"选课 7"，查询"高数"成绩在[80~90]分之间的学生，显示其"姓名"、"专业"、高数"成绩"。

（5）建立查询"选课 8"，查询出入学时间在 2004 年以后或者专业为"环境规划"的学生，显示他们的"姓名"、"专业"，所选课程"课程名"、"成绩"。

（6）建立查询"选课 9"，汇总每个学生所选课程的平均成绩、所选课程的总学分。显示"学号"、"姓名"、"专业"、"平均成绩"、"总学分"。筛选出"平均成绩"排在前五名的学生。

（7）建立查询"选课 10"，汇总每个专业学生每门课的平均成绩。显示"专业"、"课程代码"、"课程名"、"平均成绩"。

（8）备份"学生信息"表，建立查询"选课 11"，将查询类型设为"删除查询"，删除学分成绩低于 4.0 的学生，运行并查看结果（由于删除性查询的永久性破坏行为，通常在进行操作前对表进行备份）。

（9）建立查询"选课 12"，将查询类型设为"更新查询"，将 05 年入学的学生的"入学时间"更新为"2005-9-1"，执行查询并修改表中相关数据。

（10）建立交叉表查询，练习用交叉表查询出不同专业、不同性别学生、不同课程的平均成绩。如图 3-4 所示。

（11）以上查询可查看 SQL 视图学习简单的 SQL 语言。

总查询_交叉表

专业	性别	高数	化学	科学社会主	物理	英语	制图	自然辩证法
环境工程	男	84.5	78	77.66666667	71.33333333	87		90.5
环境工程	女			65	76	70	89	56
环境规划	男	83.5	86	55	85.33333333	82	76	80
环境规划	女	79.25	82.5	83	82.14285714	82.6	78	98
环境化学	男	84.2		77.66666667	80.25		67	84
环境化学	女	96		87			87	
环境生物	男	79		86	76.5	78		57
环境生物	女	76	78		74	89		80.5

记录: 第 1 项(共 8 项) 无筛选器 搜索

图 3-4

实验四　数据窗体

一、实验目的

（1）掌握如何创建 Access 窗体，学会更改窗体有关属性；了解绑定控件、未绑定控件的差别，学会绑定控件。了解各个类型控件的作用、属性。学会设置窗体页眉页脚。

（2）了解宏的概念，掌握简单的宏的操作。能运用宏使窗体的操作更为方便。自定义菜单。

二、基本知识与操作

（一）窗体概念

数据库的对话窗在 Access 中被称为"窗体"。"表"、"查询"、"窗体"这些都是数据库的对象。窗体也是 Access 中的一种对象，它使用计算机屏幕将数据库中的表或查询中的数据显示出来。由于很多数据库都不是给创建者自己使用的，所以还要考虑到使用者的使用方便，建立一个友好的使用界面将会给他们带来很大的便利，让更多的使用者都能根据窗口中的提示完成自己的工作，而不用专门进行培训。这是建立一个窗体的基本目标。

一个好的窗体确实是非常有用的。不管数据库中表或查询设计得有多好，如果窗体设计得十分杂乱，而且没有任何提示，那使用者一看就不想用了，这样的话建立的数据库就没有什么意义了。

（二）向导创建窗体

首先可以看看创建一个窗体的最简单方法：用窗体向导自动创建一个纵栏式表格的窗体。打开"选课查询"数据库，选择"学生信息"表，然后在数据库"创建"菜单上单击"窗体向导"按钮，在弹出的窗体中选择"学生信息"表的所有字段，点击下一步。

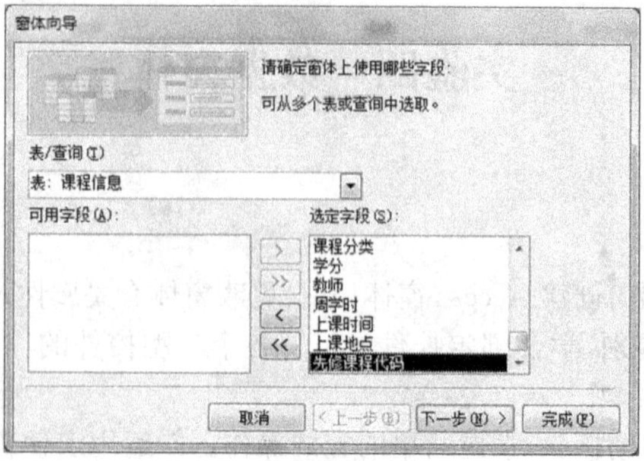

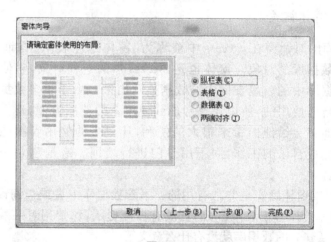

图 4-1

在窗体使用布局中选择:"纵栏表"选项,同时为窗体指定标题,这些都完成以后单击"窗体向导"对话框中"完成"按钮。

图 4-2

接着 Access 就会给我们自动创建一个纵栏式的窗体。在这个窗体中看到的数据和数据表有所不同:纵栏式表格每次只能显示一个记录的内容,而数据表每次可以显示很多记录。这是它们最大的区别。

(三) 设计数据窗体

如果想修改窗体的设计,可以通过窗体设计模式来完成。只要选中窗体,单击鼠标右键,在弹出的快捷菜单栏中单击"设计视图"按钮 ,就可进入到设计模式。现在你就可以按照自己的意愿随意地修改窗体了。

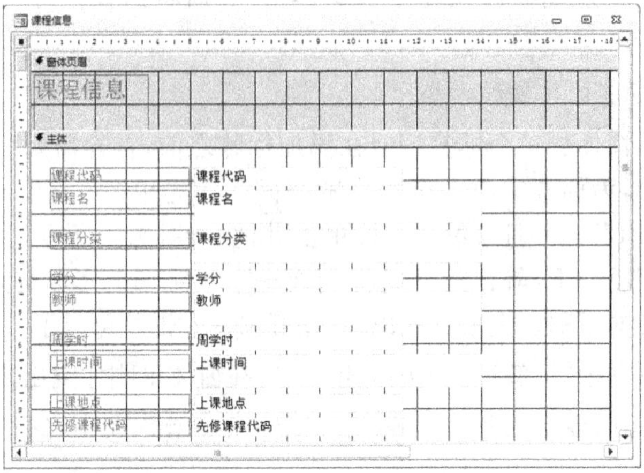

图 4-3

1. 标尺、网格线和控件

在 Access 中,窗体上各个控件都可以随意地摆放,而且窗口的大小,文字的颜色也可以很容易地改变。

窗体设计视图中有很多的网格线,还有标尺,看上去好像很杂乱。这些网格和标尺都是为了在窗体中放置各种控件而用来定位的。当然也可以不用这些东西,一切都根据个人习惯来确定。

要让这些网格和标尺不显示,只要将鼠标移动到窗体设计视图中窗体主体标签上,单击鼠标右键。这时可以看见在弹出的菜单上有"标尺"、"网格"两个选项,并且在这两个选项的前面各有一个图标,现在这两个图标都凹陷了下去,这表示两个选项都被选中,将鼠标移动到"标尺"项上,单击鼠标左键就可以将标尺隐藏起来。这时再单击鼠标右键就会发现在标尺前面的图标已经不再凹陷了。如果再单击这个图标,可发现标尺重新出现了。

同时可以注意在窗体设计视图中,窗体设计工具菜单栏中有一个控件工具框,在这个框中有很多按钮,每个按钮都是构成窗体一个功能的控件。控

图 4-4

件很有用,像我们看到的按钮、文本框、标签等都是控件。有了它们,建造窗体的工作就是将这些控件摆在空白窗体上,然后将这些控件与数据库联系起来。

2. 调整标签的位置和大小

现在要给窗体加一个标签。但在添加标签之前,首先需要把窗体中所有控件都向下移,为标签空出一个适当的空间。首先单击一个控件,然后按住键盘上的"Shift"键,并且继续用鼠标单击其他控件,选中所有这些控件以后,将鼠标稍微挪动一下,等鼠标的光标变成一个十字向的形状时,就可把窗体中所有控件都向下移。完成这些以后,松开鼠标左键就可以了。

单击工具框中"标签"这个按钮 Aa,然后在窗体里刚才空出来的位置上单击鼠标左键,这时就会出现一个标签。在标签中输入文本,这样一个标签就插入到窗体中了。

进一步,可以通过窗体设计菜单中"格式"工具栏来定义标签控件中文字的属性,作用就相当于在 Word 中用来编辑文字对齐方式和字体大小、颜色等属性的工具框。

另外,还可以调整标签的大小。单击标签的边缘,出现了一圈黑框,将鼠标移动到这圈黑框下部中间的黑色方块上时,鼠标光标变成一个上下指向的双箭头符号"↕"。现在按住鼠标左键,上下拖动鼠标,就可以调整这个标签的高度,这种方法可以调整 Access 中所有窗体控件的高度。当这个标签的高度比较合适时,松开左键就可以了,当然如果将鼠标移动到围着标签的黑框右边中间的方块上时,会出现一个左右指向的双箭头符号。这时按住鼠标左键拖动,就可以改变这个标签的宽度。

如果想确定一个精确的标签大小只需要在这个标签的属性中修改它的宽度和高度值就可以了。首先将标签选中,然后单击"设计"工具栏上的"属性"按钮 ,使这个按钮凹陷下去,现在屏幕上就又多了一个"标签属性"对话框。

在这个对话框中找到"宽度"和"高度"项,在它们右面的文本框中输入相应的数值就可以了。在这儿的所有数值都是以厘米为单位的。

要移动标签的位置,还是先要选中这个标签,当它四周出现黑框的时候,将鼠标移动到黑框的边沿,这时的鼠标光标会变成一个手的形状,现在按住鼠标左键就可以任意拖动标签了。把标签拖到一个适当的位置,放开左键就可以了。这个过程实际上和将窗体上的控件向下拖动是一样的。

图 4-5

3. 在窗体中画线

如果想在窗体上添加一条直线，是很容易的。在"控件"工具框中找到一个直线图标 ，将鼠标移动到上面，显示出"直线"的提示，现在我们就用这个控件在窗体上画一条直线。

和在窗体上插入标签一样，先要将鼠标移动到工具栏的"直线"按钮上，单击鼠标左键，这时"直线"按钮凹陷下去，现在将鼠标移动到窗体上，单击鼠标左键，给出所画直线的起点，然后拖动鼠标到一定的位置，单击鼠标左键，给出直线的终点，这样一条直线就画好了。

如果要使线变粗一些，先选中"线"这个对象，在控件"属性表"中"边框样式"中选择适当的宽度，然后单击这个宽度，这条直线的粗细就发生变化了。如果想改变这条直线的长度，这和改变标签宽度的方法是一样的。

4. 调整页眉、页脚的宽度

在窗体的设计视图中，窗体被分为页眉、主体、页脚三个部分。页眉处于窗体的最上面，中间的称为主体，页脚是窗体中最下面的部分。在页眉、主体、页脚这三个部分都可以添加各种控件，但一般都只在主体中添加各种控件，而在页眉和页脚中放置如页数、时间等提示性的标签控件。

页眉、页脚中也能放置控件，那与在主体中放置控件大多数是一样的。但如果窗体有几页，而且有的功能必须在每一页都有，在这种情况下，将这些公用的控件放置在页眉、页脚中就会非常方便了。

要将页眉加大点，首先要将鼠标移动到页眉和主体中间的位置，这时鼠标的光标会变成这个指向上下的双箭头符号,如图4-6所示。

图 4-6

这时按住鼠标左键,然后往下拖动鼠标,当达到一个满意的位置时放开鼠标左键。这样页眉就加大了。

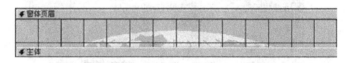

图 4-7

在窗体中不光可以改变页眉、页脚的高度,需要时还可以隐藏页眉和页脚。首先在窗体上非控件的位置单击鼠标右键,这时会弹出一个菜单,在这个菜单上有一项"窗体页眉/页脚",如果这个选项前面的图标凹陷下去,表示在窗体中显示页眉、页脚,相反则在窗体中隐藏页眉页脚。

5. 在窗体上添加按钮

如果要在窗体上添加一个"退出"按钮,一个"打开窗体"按钮。单击"退出"可以帮助我们在使用完这个数据库后退出这个窗体;而单击"打开窗体"按钮则可以打开需要浏览的窗体。

这和在窗口上添加标签和直线是一样的,首先单击工具箱上的"按钮"图标󰀁,然后在窗体上一个适当的空位置处单击鼠标左键,这样一个按钮就出现在窗体上了。而这时在屏幕上还会弹出一个"按钮命令向导"的对话框。这个向导的作用非常大,在 Windows 中,一个按钮所能进行的工作都需要编写一定的程序,而对于 Access 的用户,它的很多操作都是固定的。而这个"按钮命令向导"就是这样一个能帮助你非常简单地实现一定功能操作的向导。不然就要自己去编写"VBA"程序,虽然这样可以实现更多的功能,但对于大多数用户却是不方便的。

另一个按钮和前面是一样的,但在"按钮命令向导"第一页上,我们要选择表列中的"窗体操作"的"打开窗体"项,在单击"下一步"按钮后,这时向导的第二步就和原来的不一样了,给出了一个列表框,要求选择要打开的是哪个窗体,然后单击"下一步"按钮。在这一步选择打开窗体并显示所有记录。继续单击"下一步"按钮。选择文本方式,并在后面的文本框中输入命令按钮的名称,然后单击"下一步"按钮。在最后一步中直接单击"确定"按钮就可以了。这样两个按钮都建立完毕了。

6. 为窗体添加背景、测试并保存窗体

首先将窗体切换到设计视图,然后在这个视图上单击非窗体的部分,这时在"属性"对话框中选择"全部"项,并在这个项中的"图片"提示项的右边输入要选择的图片文件名,单击这个文本框,会在它的右边出现一个"…"按钮,如图4-8所示。

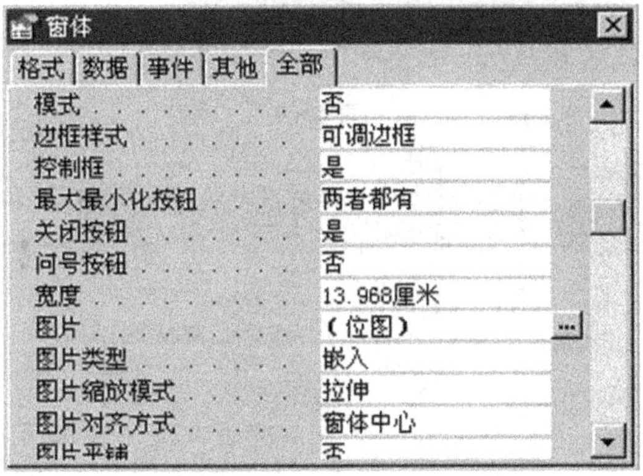

图4-8

单击这个按钮,会出现一个文件载入窗体,在这个窗体上选择需要的图片文件,然后单击"确定"按钮。这时会发现在窗体上出现了一个新背景。

在设计视图模式下,窗体按钮不起作用,需要把窗口切换到窗体视图。将鼠标移动到工具栏上的"视图"按钮,单击这个按钮,选择"窗体视图",修改后的窗体就出现在面前,现在这个窗体是可以响应操作了。

三、实验内容

(1) 建立"选课查询系统"数据库的进入界面。命名为"选课查询系统"如图4-9所示。

(2) 建立表"课程信息"、"学生选课信息"的记录编辑窗口,其中"学生选课信息"窗体中包含表"选课信息"的子窗体,如图4-10和图4-11(可练习修改窗体和控件的属性,如控件的"对齐"、"字体"、"特殊效果",窗体的"背景"、"页眉页脚"等)。

• 32 • 环境信息系统实验教程

图 4-9

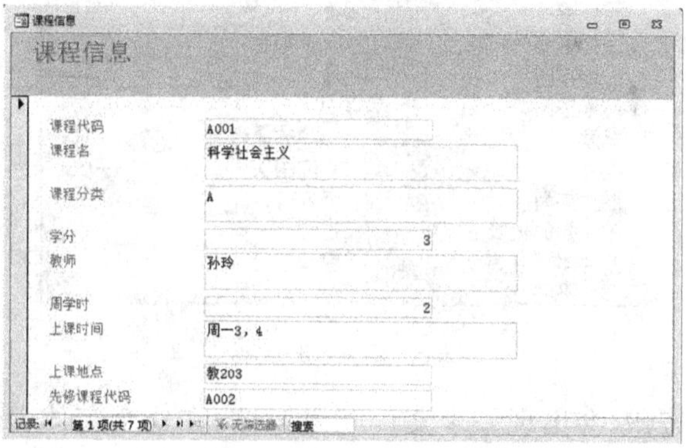

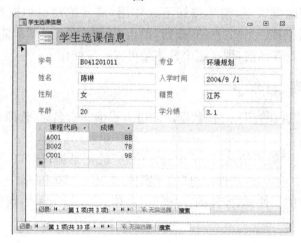

图 4-10

图 4-11

(3) 用控件向导方式为窗体"选课查询系统"中的按钮设置事件过程,单击按钮"学生选课信息"则打开窗体"学生选课信息"窗体,单击按钮"课程信息"则打开窗体"课程信息"。

(4) 建立简单的"课程信息查询"窗体,能查询不同类别课程、不同学分课程的情况。先建立相关查询,查询条件为窗体控件中的值;后为按钮设置"运行查询"命令,如图4-12所示。

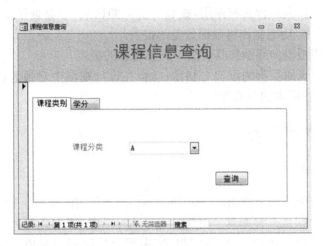

图 4-12

点击按钮"查询"后显示结果:

图 4-13

(5) 思考设计"学生成绩查询"窗体,可通过输入学号查询该学生选课的"姓名"、"专业"、"总学分"、"平均学分绩"(相关算法在上一节实验所做查询中可知)。

实验五 数据报表

一、实验目的

(1) 理解报表的含义与作用,报表与窗体的区别;学会创建报表,学会利用"分组和排序"功能制作将数据分类的报表。

(2) 利用报表向导制作具有简单汇总信息的报表。

(3) 掌握页眉页脚的添加与制作;学会在设计视图中对报表进行简单的控件调整;掌握报表的页面设置。

二、基本知识与操作

(一) 报表概念

在创建数据报表之前,首先要了解一下"报表"。在 Access 中使用"报表"来打印格式数据是一种非常有效的方法。因为"报表"为查看和打印概括性的信息提供了最灵活的方法。在"报表"中可以控制每个对象的大小和显示方式,并可以按照所需的方式来显示相应的内容,同时还可以在"报表"中添加多级汇总、统计比较,甚至加上图片和图表。"报表"和窗体的建立过程基本是一样的,只是最终一个显示在屏幕上,一个显示在纸上;窗体可以有交互,而"报表"没有交互而已。

(二) 报表向导创建报表

Access 提供了许多工具,可帮助快速生成既引人注目、又易于理解的报表,并按照最适合用户需要的方式显示数据。使用"创建"选项卡上的命令,只需通过一个单击操作即可创建简单的报表。创建过程中可以使用报表向导创建更为复杂的报表,也可以自行添加所有数据和格式元素,以此来创建报表。

首先选定一个创建报表所基于的表或者查询,单击"创建"选项卡上的"报表"组中"报表向导"项,这时在屏幕上会弹出一个对话框"报表向导",如图5-1。这个窗口中要求确定"报表"上使用哪些字段,这和使用"查询向导"和"窗体向导"差不多。

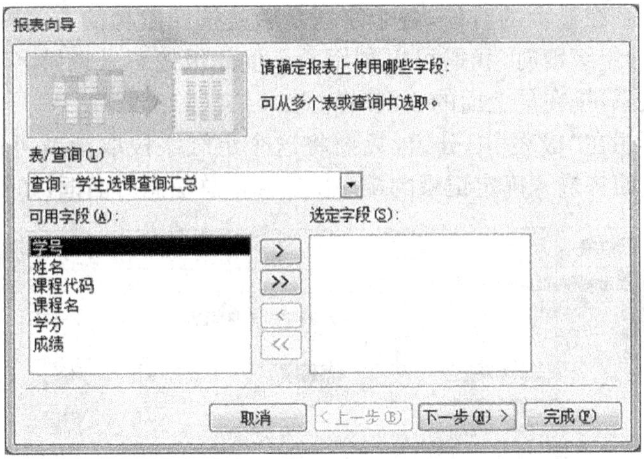

图 5-1

现在可以在"表/查询"下面的下拉框中改变选择相应的表或查询。对话框中"可用字段"列表框中显示出选定表/查询中的所有字段,右边列表框是用来显示要放到"报表"中的"选定的字段"。而在这两个表中的四个按钮,则分别是将左边列表框中的一个或全部字段移动到右边的列表框中,将右边列表框中的一个或全部字段移动到左边的列表框中,而且在右边列表框中的字段的顺序也将反映到"报表"中字段的顺序中去。当把这些完成以后,单击"下一步"按钮。

这一步中,确定是否要对"报表"添加分组级别,如图 5-2。这个分组级

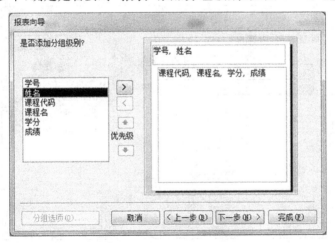

图 5-2

别就是"报表"在显示的时候,各个字段是否是按照阶梯的方式排列。当"报表"有多组分组级别时,我们可以利用两个优先级按钮来调整各个分组级别间的优先关系,排在最上面的级别最优先。

如果不想在"报表"中分组,只要将这个组级字段取消就可以了。单击"下一步"按钮将进入确定记录的排序次序和汇总信息对话框,如图5-3。

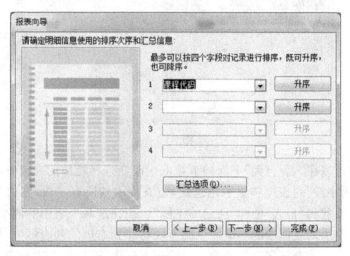

图 5-3

单击对话框中的"汇总选项",打开"汇总选项"对话框,可以选择"字段"的汇总项,如图5-4。

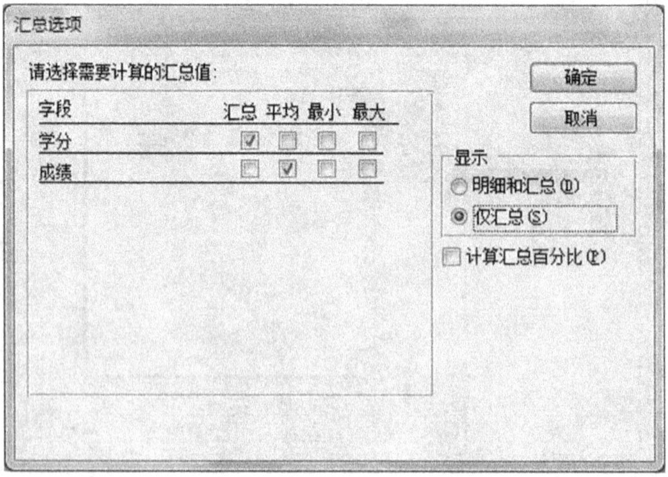

图 5-4

完成排序和汇总之后,就是确定"报表"的布局方式。通过选择"布局"中的方式,可以确定数据是按照什么形式来进行布局的,并且可以在对话框左边的视图中看到我们选择的布局形式是什么样的,同时还可以选择报表页面设置的方向,如图5-5所示。

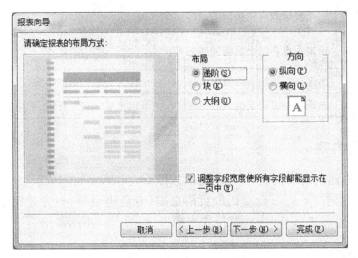

图5-5

单击"下一步"按钮,这一步是"报表"向导的最后一步了。现在要给这个"报表"指定标题,这个标题将会出现在"报表"的左上角。

如果想在单击"完成"按钮以后直接看到"报表"的打印预览,则选择"预览报表";如果想先看到"报表"的设计视图,则选择"修改报表设计",就可以在设计视图中修改"报表"了。然后单击"完成"按钮。

报表向导完成后,还可通过"报表设计"视图来进一步完善报表的设计。报表设计中还应关注报表中"节"的设置。每个报表都有一个或多个报表节,而"详细"节则是每个报表所共有的。对于报表所基于的表或查询中的每个记录,此节会重复一次。其他节则是可选节,重复率较低,通常用于显示一组记录、一页报表或整个报表的通用信息。表5-1描述了每个节的位置及其常见用法。

表5-1

节	位　　置	典型内容
报表页眉节	只出现一次,位于报表第一页的顶部	报表标题 徽标 当前日期

节	位 置	典 型 内 容
报表页脚节	出现在最后一行数据之后,且位于报表最后一页的页脚节之上	报表汇总 (求和、计数、平均值等)
页眉节	出现在报表每个页面的顶部	报表标题 页码
页脚节	出现在报表每个页面的底部	当前日期 页码
组页眉节	出现在一组记录的紧前面	作为分组依据的字段
组页脚节	出现在一组记录的紧后面	组汇总(求和、计数、平均值等)

三、实验内容

(1) 创建表格式报表"学生信息",按照专业和入学时间分组(先按照专业后按照入学时间),练习设置组的页眉页脚(专业组页眉:在专业组中加入文本框,在文本框的 Text 中设置控件来源)。如图 5-6 所示。

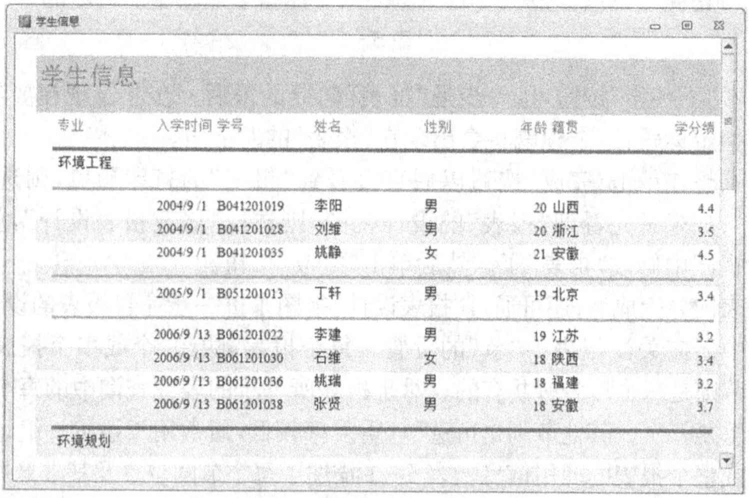

图 5-6

(2) 建立包含图 5-7 报表中的字段的查询,利用报表向导创建表格式报表"选课信息明细汇总",报表中能汇总出每个学生的"总学分"和"平均成绩"。

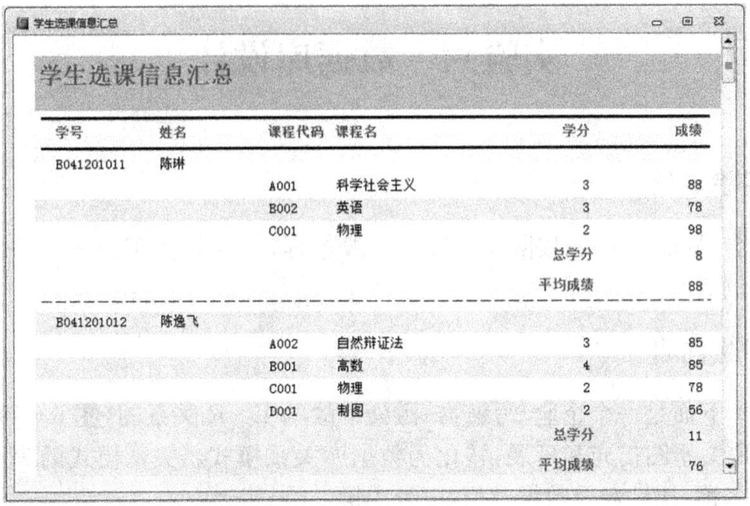

学生选课信息汇总

学生选课信息汇总

学号	姓名	课程代码	课程名	学分	成绩
B041201011	陈琳				
		A001	科学社会主义	3	88
		B002	英语	3	78
		C001	物理	2	98
				总学分	8
				平均成绩	88
B041201012	陈逸飞				
		A002	自然辩证法	3	85
		B001	高数	4	85
		C001	物理	2	78
		D001	制图	2	56
				总学分	11
				平均成绩	76

图 5 - 7

实验六 数据库设计

一、实验目的

结合 Access,认识数据库设计的一般过程,同时具体实践一个简单的数据库实例。

二、实验内容

(1) 下面是一个企业-污染物-污染事故的 E-R 关系图(图 6-1),结合该 E-R 关系图扩充和延展,转化为数据库关系模式。关系模式的表示要有模式的名称、属性名及数据类型,以及主键,并说明理由。

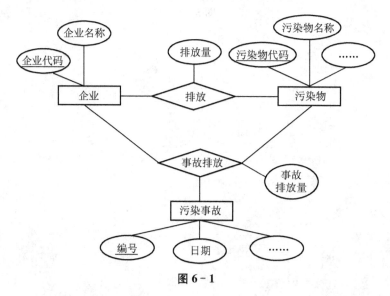

图 6-1

(2) 在数据库关系模式的基础上,结合 Access 软件开展数据库结构和功能设计(包括表、查询、窗体、报表等)。

(3) 数据库设计要实现的功能包括通过窗体能实现数据输入,实现按企业查询企业排放污染物种类和数量,企业发生的污染事故以及事故排放污染种类和数量等功能;通过报表可以汇总各类污染物排放情况,企业污染物排放及事故情况等。

第二部分　地理信息系统实验

实验七　了解 GIS 桌面软件 ArcGIS 和 MapInfo

一、实验目的

在 ArcGIS 中

初步了解 ArcGIS 软件的界面菜单与按钮的基本操作，熟悉软件平台的环境，激发学习兴趣，为后续章节更具体、更深层次的操作介绍做好铺垫。ArcGIS 已经有很多个版本，目前最新的版本是10.3，建议安装9.3版本以上。

在 MapInfo 中

初步了解 MapInfo 软件的界面菜单、按钮基本操作。

二、实验内容

在 ArcGIS 中的操作

（一）了解打开操作对象（工作空间、矢量图、栅格图）的步骤

（1）由开始菜单找到 ArcGIS 启动文件夹，将会看到 ArcCatalog " ArcCatalog "、Arcglobe " ArcGlobe "、ArcMap " ArcMap "、ArcReader " ArcReader "、ArcScene " ArcScene "，其中 ArcMap、ArcCatalog、ArcScene 是 ArcGIS 中最常用的几款子软件，具体每款子软件的功能见本章节小知识版块。本实验以及后续的实验仅重点介绍 ArcMap 的基本操作。请双击打开 ArcMap。

（2）打开 ArcMap 后，软件界面会弹出快速创建或者打开工作空间（默认格式＊.mxd）的对话选项框，分别是：

① "A new empty map"，新建一个空白的工作空间。

② "A tmeplate"，新建一个带版式的工作空间。

③ "An existing map"单选框代表,打开一个已有的工作空间。

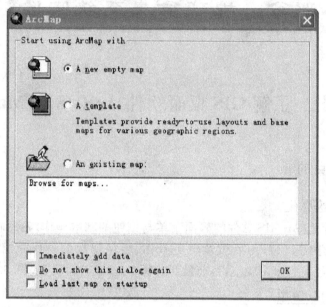

图 7-1 ArcMap 的快速创建对话框

(3) 关闭快速创建对话框,对它的使用将会在以后的练习中了解。

——ArcMap 是一个可用于空间数据输入、编辑、查询、分析等功能的应用程序,是地图处理软件。

——ArcCatalog 相当于 ArcMap 的资源管理器,可以进行图表数据的显示,可以新建数据,可以更新修改数据的投影信息,但是不能处理编辑图层数据。

——ArcGlobe 和 ArcScene 是一个适合于展示三维透视场景的平台,可以在三维场景中漫游并与三维矢量与栅格数据进行交互。

——ArcReader 主要用于 GIS 用户分享现有的电子地图、网络上的地图资源,执行地图的发布,其具有制作地图的查视及发布、列印在 ArcMap 中制作的高品质地图等功能。

(4) 利用菜单栏上的命令打开一个 ArcGIS 默认格式对象(*.shp,.shp 是 ArcGIS 的默认格式)。操作步骤如下:

① "File"—"Add Data"。找到一个文件名为"WORLD.shp"的文件打开,这是一个世界地图。地图显现的窗口称为地图窗口(Map Window)。

② 然后,在左栏对话框"Table of Contents"中选中打开的 WORLD 图层,点击鼠标右键,用"Open Attribute Table",打开世界地图的属性表,这一窗口为属性浏览窗口(Browser window),表中每一行对应地图窗口的每一个多边形,每一列数据是每个多边形的属性字段信息。

③ 此外,还有统计图窗口、配置窗口等将在以后了解。

④ 关闭浏览窗口,只留下地图窗口。

ArcGIS 支持的数据格式有 shapefile、Coverage、Raster、CAD、Geodatabase。各种数据的组织形式不一样,其中 shp、Coverage、Raster、CAD 为文件类型,Geodatabase 为空间数据库。

数据格式

(二) 了解对矢量图编辑的界面和基本操作

1. 地图窗口工具栏说明

在地图窗口界面上有两个工具栏:一个是操作工具栏,另一个是地理工具条"Tools"。

(1) 在"Tools"工具条上的常用工具如表 7-1 所示。

表 7-1 ArcGIS 地理工具条"Tools"的内容列表

编号	内 容
1	任意放大(Zoom In) :可将地图窗口的图形放大,便于查看图形细节。
2	任意缩小(Zoom Out) :可将地图窗口的图形缩小,便于查看图形全局。
3	中心放大(Fixed Zoom In) ,是在出图界面中使用。
4	中心缩小(Fixed Zoom In) ,是在出图界面中使用。
5	漫游(Pan) :平移地图。
6	属性显示(Identify) :可在地图窗口对属性数据进行点击查询。
7	全图(Full Extent) :查看地图全图。
8	元素选取工具(Select Elements) :用来选择文本对象的工具。

编号	内容
9	要素选择工具(Select Feature) :用来选择点、线、面要素对象的工具。
10	工具条上的其他工具还有长度量测(Measure)、查找要素(Go To XY)等工具,将稍后介绍。

(2) 操作工具条上的工具如表 7-2 所示。

表 7-2 ArcGIS 操作工具条上的内容列表

编号	内容
1	新建工作空间(New Map File) 。
2	打开工作空间(Open) :打开的文件格式为 *.mxd。
3	保存(Save) :保存为地图文件,格式为 *.mxd。
4	打印(Print) 。
5	剪切(Cut) :剪切选中的要素。
6	复制(Copy) :复制选中的要素。
7	粘贴(Paste) :粘贴选中的要素。
8	删除(Delete) :删除选中的要素。
9	撤销(Undo) :撤销操作。
10	重做(Redo) :重做操作。
11	添加数据(Add Data) :① 打开图层数据(例如 *.shp 文件);② 添加图层数据到地图中。
12	比例尺显示栏 1:139,222,311 。
13	编辑工具(Editor Toolbar) :打开编辑工具条。
14	ArcCatalog :打开 ArcCatalog。
15	工具箱(ArcToolbox) :打开特定命令工具箱。

小知识

"打开地图文件(Open) "与"添加数据(Add Data) "的区别：

(1) 地图文件是由若干个图层数据组成的一个整体，"打开地图文件(Open) "，打开的是一个包含若干个图层的一个整体，被称为工作空间。

(2) "添加数据(Add Data) "，每次仅仅添加一个图层(即数据)，例如 *.shp 文件。通过"添加数据(Add Data) "添加的多个图层，可以通过"保存(Save) "保存成一个地图整体工作空间。

2. 地图窗口的操作步骤介绍

在 ArcMap 里对矢量图的编辑操作需要借助编辑工具条(Editor Toolbar)，下面将介绍使用该工具条对矢量图格式的世界地图进行基本的开启编辑状态、进行编辑、保存编辑、停止编辑的操作，如表 7-3 所示。

表 7-3　ArcGIS 地图窗口的操作步骤

步骤	目　的	操　作
1	调用编辑工具条"Editor Toolbar"	有两种途径：① 菜单栏"Tools"—"Editor Toolbar"；② 在操作工具条上。
2	设定地图可编辑	编辑工具条"Editor Toolbar"—"Editor"—"Start Editing"。
3	选定要编辑的图层	在"Editor Toolbar"面板上的"Target 显示框"中选中你所要编辑的图层。 例如：选中"world"，即在 world 图层里进行编辑。
4	选定编辑任务	在"Editor Toolbar"面板上的"Task 显示框"中选中"create new feature"，即在 world 图层中进行新的要素的添加。
5	编辑要素	点选编辑工具条"Editor Toolbar"的编辑笔，你就可以在这一图层上任意添加多边形了。 在 ArcMap 中，图层分为点图层、线图层、面图层，特别说明的是每个图层仅能存储一种形状。 例如：world 图层为面图层，因此，在 world 图层中添加要素时，只能添加面要素(即多边形)。
6	保存编辑的要素	编辑工具条"Editor Toolbar"—"Editor"—"Save Edits"，就将添加的多边形要素保存在 world 图层中了。 这意味着下次打开 world 图层，即可看到编辑的结果。 注意：本次实验不要求保存编辑结果。

续表

步骤	目的	操作
7	停止编辑	编辑工具条"Editor Toolbar"—"Editor"—"Stop Editing"。

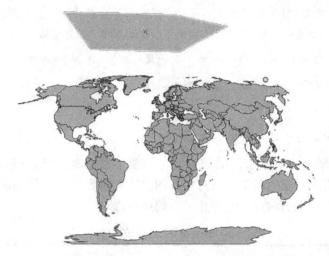

图 7-2　ArcGIS 地图窗口的编辑结果示意图

其他几个 shp 文件,分别是海洋图层、经纬线图层及首都图层。在图层对话框中可对这几个图层的叠置顺序进行调整(直接上下拉动便可)。

小提示

当地图窗口的图形被你移动得不知去向,或者,放大后要快速返回全景观看时,可在地理工具条"Tools",点选"(Full Extent)"便可。

(三) 了解生成美妙的专题图层

(1) 尝试重新启动 ArcMap,在窗口只打开 world 图层。

(2) 在图层对话框中选中 world 图层,点击鼠标右键,出来一个菜单—"Properties"—"Symbology"。

(3) 在"Symbology"对话框上的"Show"对话框中选中 "Categories"—"Unique Values"。

(4) 在出现的面板上的"Value Field"对话框中选中"country"(表示以 country 这个字段进行专题地图的制作),可以通过"Color Ramp"对话框进行颜色的选择,然后通过面板底部的"Add All Values"按钮添加进 world 图层的所有值,然后"应用"—"确定"(如图 7-3)。

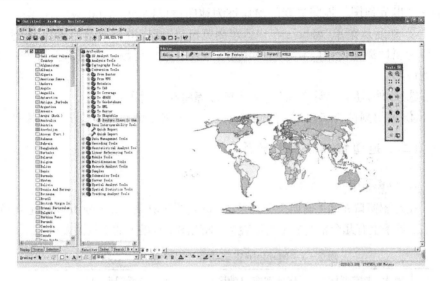

图 7-3　ArcGIS 创建专题图层的结果示意图

在 MapInfo 中的操作

(一) 打开操作对象

(1) 由桌面或开始菜单找到 MapInfo 启动程序。
(2) 界面中央会出现快速启动文件的对话框。四个按钮分别代表:

> ⊙ 恢复上次任务
> ⊙ 打开上次工作空间
> ⊙ 选择一个工作空间
> ⊙ 打开表

图 7-4　MapInfo 的快速创建对话框

(3) 关闭快速启动对话框,对它的使用将会在以后的练习中了解。

小练习

以下练习利用菜单栏上的命令打开一个 MapInfo 文件(＊.tab)。操作步骤如下:

① "文件"——"打开表"(如同 Word 软件的文件后缀为 *.doc,MapInfo 软件的文件后缀是 *.tab)——找到一个文件名为 world.tab 的文件打开,这是一个世界地图。地图显现的窗口称为地图窗口(Map Window)。

② 然后从菜单"窗口"——"新建浏览窗口"调出世界地图的属性表,这一窗口为属性浏览窗口(Browser window),表中每一列数据是图面上每个多边形的说明。

③ 此外,还有统计图窗口、配置窗口等将在以后了解。

④ 关闭浏览窗口,只留下地图窗口。以下来了解地图窗口的基本操作。

(二) 地图窗口的基本操作

1. 地图窗口工具栏说明

在地图窗口界面上有两个工具条:Main 是主工具条,Drawing 是绘图工具条。在主工具条上有几个常用的工具见表7-4,绘图工具条上的工具见表7-5。

表7-4 MapInfo 主工具条上几个常用的工具

1	放大(十字图标)。可将地图窗口的图形放大,便于查看图形细节
2	缩小(zoom-out)
3	平移(grabber)
4	属性显示(Info)。可在地图窗口对属性数据进行点击查询
5	标记显示(Label)。对图形对象进行标注,数据来自属性表中的某一列
6	地图拖拽(draw map window)。将地图拖至 world 等其他程序中,需要同时打开 world
7	选取工具(select),查询或编辑图形对象时,首先要激活对象,分别有点选、矩形框选、圆形框选及几种多边形框选
8	工具条上的其他工具还有 ruler 长度量测、layer control 图层控制等,我们将稍后了解

表7-5 绘图工具条上的主要工具

1	绘制符号按钮
2	绘直线按钮
3	绘折线按钮

4	绘弧线按钮
5	绘封闭的多边形按钮
6	绘圆
7	绘矩形
8	绘圆角矩形
9	输入文字、数字按钮
10	绘图框按钮
11	线条形状修改按钮
12	增加节点按钮
13	符号样式选择按钮
14	线形样式选择按钮
15	多边形充填样式选择按钮
16	文字样式选择按钮

2. 地图窗口的操作步骤介绍

接下来我们利用绘图工具条的各种工具对世界地图随意添加一些内容，方法步骤如下：

(1) 最初，绘图工具条工具不可选(灰白色)，这意味你还不能使用这些工具来修改编辑图形。为了获得编辑许可，我们应将这一图层设为可编辑。

(2) 设定图层可编辑的方法：调出图层控制对话框(layer control)，有三种途径：① 从主工具条上；② 从主菜单栏上(map—layer control)；③ 由鼠标右键。例如：点击鼠标右键，选择"图层控制"。

(3) 图层控制对话框显示有两个图层(layer)，一个是世界图层，另一个是装饰图层(cosmetic layer)，装饰图层相当于在世界地图上放置了一层透明图纸供你绘制新的内容。

(4) 图层控制对话框中有四个可选框，分别是：是否可视(眼睛)、是否可编辑(笔)、是否可选择(箭头)、是否可标注(黄色标记)。

(5) 点选 world 图层的可编辑(笔)选项，你就可以在这一图层上任意添加图形、符号或文字等新内容了。选 OK 按钮，绘图条上的工具显示可以使用。

(6) 用各种工具在图上添加内容，并由样式(style)工具改变它们的形状、大小以及颜色。

各种编辑结果如图7-5，最后用"文件"—"保存工作空间"将该图保存为工作空间文件，下次打开便可看到你此编辑的结果。也可用"文件"—"保存窗口为"将它保存为图片格式。

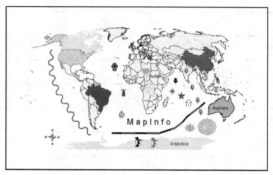

图7-5　地图窗口编辑结果示意图

一点经验：当地图窗口的图形被你移动得不知去向，或者放大后要快速返回全景观看时，可在地图窗口点击右键，选观看全图（view entire layer）便可。

其他几个tab文件，分别是海洋图层、经纬线图层及首都图层。在图层对话框中可对这几个图层的叠置顺序进行调整（直接上下拉动便可）。由资源管理器可以查看图层的所有MapInfo文件（*.tab，*.dat，*.map，*.id等文件）。

（三）尝试操作

尝试重新启动MapInfo，在窗口只打开world图层，在菜单栏上利用"地图"—"创建专题地图"—"individual"命令制作彩色专题图（如图7-6）。

图7-6　创建专题图层结果示意图

（四）实验报告

本次实验需要上交实验报告，具体要求与格式如表 7-6。

表 7-6 "GIS 原理及应用"上机练习作业提交版式

"GIS 原理及应用"上机练习作业（1）			
姓名	学号	上机日期	作业成绩
作业内容：	简要介绍 ArcGIS 和 MapInfo 软件的基本功能		

三、复习要点

在 ArcGIS 中

（1）如何打开已有 shp、jpg、bmp、mxd、Coverage、Geodatabase 格式文件？

（2）如何控制图层，如何调整叠加先后顺序、显示、可编辑状态，如何增加标注？

（3）如何新建 shp 文件或复制 shp 文件？

（4）如何保存工作空间（即 mxd 地图）？

（5）了解标注选项面板中各个对话框选项的作用。

在 MapInfo 中

（1）如何打开已有的 tab、jpg、bmp、dbf、mdb 格式文件？

（2）如何控制图层，如何调整叠加先后顺序、显示、可编辑状态，如何增加标注？

（3）如何新建 tab 文件或复制 tab 文件？

（4）如何保存工作空间？

（5）了解如何利用表达式进行复杂标注？了解以下符号的作用：+、""、%、_、chr＄(10)（就是 enter 键）、left$(,)、right$(,)。

（6）了解标注选项框中允许文本重复、允许文本重叠、沿线标注等选项的作用。

实验八　矢量图的形状编辑及属性表更新列操作

一、实验目的

在 ArcGIS 中

矢量图由图形和对应每个图形的属性表组成,该章节主要介绍基本的图形编辑和属性表更新操作。属性表中每一列代表一个字段,而更新列是指对某一具体字段进行值的更新与修改。

(1) 学习并掌握图形的简单矢量化操作,为遥感影像的矢量化应用和图形复杂的矢量化操作奠定基础。

(2) 学习并掌握表的更新列操作,为属性数据的输入做好准备。

在 MapInfo 中

(1) 学习并掌握图形的简单矢量化操作,为遥感影像的矢量化应用和图形复杂的矢量化操作奠定基础。

(2) 学习并掌握表的更新列操作,为属性数据的输入做好准备。

二、实验内容

在 ArcGIS 中的操作

(一) 矢量图的形状编辑

1. 图形的合并

本次操作是要将美国和加拿大两个国家合并为一个图形。

步骤1:打开世界地图 WORLD.shp(图 8-1)。

图 8-1　在 ArcGIS 中打开世界地图

步骤 2：编辑工具条(Editor Toolbar)—"Editor"—"Start Editing"。

注意：Editor 工具条上的 Target 对话框中为"World"，即将 world 图层设为可编辑图层，如图 8-2 所示。

图 8-2　Editor 工具条

步骤 3：选中"编辑工具条(Editor Toolbar)"的指针"▶"—按 SHIFT 键选中美国和加拿大—"Editor"—"Merge"。

两个图形合并后，相应的属性行也将进行合并。

2. 分割一块图形

步骤 1：在美国绘一矩形。

步骤 2：选中矩形—"Editor"—"Clip"（选择 Preserve the area that intersect)—"OK"，这个操作的结果是把美国的矢量图剪切到只剩下矩形的区域。

3. 擦除

步骤 1：在美国绘一矩形。

步骤 2：选中矩形—"Editor"—"Clip"（选择 Discard the area that intersect)—"OK"。这个操作的结果是使得美国矢量图少了矩形区域的一块。

4. 两点间长度测量

步骤 1：在地理工具条中选中"标尺"，出现 Measure 对话框，选择 "Measure Line"。

步骤 2：然后点击第一点并向第二点拖动，在此过程中，可以看见 Measure 对话框中的界面中数值发生变化（如图 8-3）。

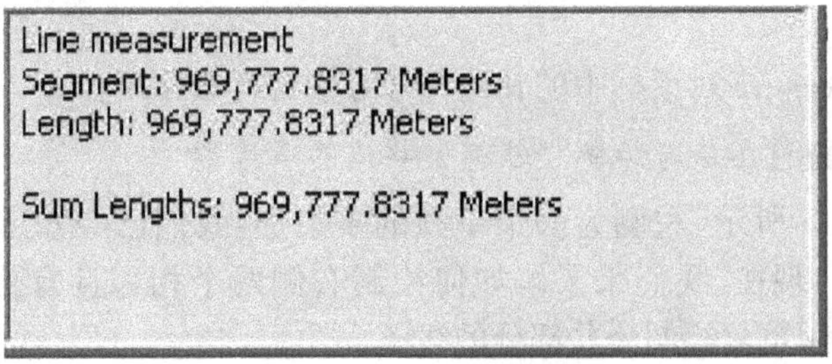

```
Line measurement
Segment: 969,777.8317 Meters
Length: 969,777.8317 Meters

Sum Lengths: 969,777.8317 Meters
```

图 8-3　Line Measure 对话框的界面示意图

注意：此时 Segment、Length、Sum Lengths 后面的数据是相等的，都表示第一点到第二点的距离。

步骤3：单击鼠标定下第二点并向第三点拖动过程中，Segment 的数据表示第二点到第三点的距离，Length、Sum Length 的数据都表示这段折线的总距离（即包括第一个点到第二个点的距离以及第二个点到第三个点的距离之和）。

5. 图形周长与面积的测量

步骤1：在地理工具条"Tools"中选中"标尺"按钮 ，此时，出现 Measure 对话框，再选择"Measure A Feature"按钮 。

步骤2：选中所要测量的图形要素，Measure 对话框界面中的 Perimeter、Area 分别代表这个图形要素的周长、面积。

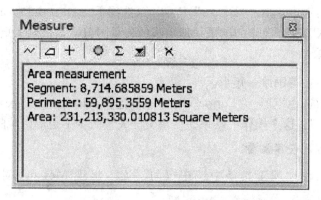

图 8-4　Feature Measure 对话框的界面示意图

步骤3：点击另一个要测量的图形要素，此时的 Perimeter、Area 代表第二个图形要素的周长和面积，Sum Perimeter、Sum Area 代表两个图形要素的周长和面积之和。

思考：Measure 对话框中的其他符号分别有什么作用？

6. 新建矢量图层与绘制相邻有公共边的多边形

如图 8-5 所示，左侧为一个单独的多边形，我们已经知道如何在 ArcMap 绘制它。现在，我们来了解如何绘制右侧两个相邻且有公共边的多边形。并且，不用重复绘制公共部分的线条。

注意：若重复绘制，不但会增加工作量，而且也无法实现完全重叠！

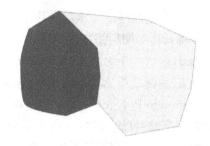

图 8-5　ArcGIS 绘制相邻有公共边的多边形

步骤 1：新建一个图层，将在此图层上进行绘制。在 ArcMap 中的操作工具栏中，点击" ![] "，打开 ArcCatalog（在 ArcGIS 中一般都是通过 ArcCatalog 新建矢量图层）。在 ArcCatalog 左边的对话框中，选中新建图层所要存储的地方。选好图层所要存储的地方后，在 ArcCatalog 右边的对话框中的空白处，点击鼠标右键，出来一个对话框（如图 8-6）。"New"—"Shapefile"，出现对话框（如图 8-7）。

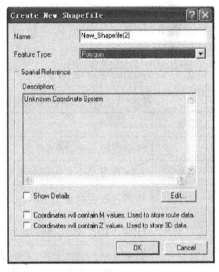

图 8-6　ArcGIS 中创建图层的对话框　　图 8-7　设置新建图层的属性对话框

步骤 2：设置新建图层的属性。在图 8-5 所示的对话框中，在"Name"文本框中填写新建图层的文件名，"Feature Type"选择框中选择"Polygon"（因为新建图层中所要绘制的图形是多边形，因此，图层的要素类型要选择"Polygon"多边形）。Spatial Reference 中选择地图投影坐标体系，其余选项默认。

步骤3：在ArcMap中添加新建图层。在ArcMap中的操作工具栏中，点击"✦"，将新建的图层添加进ArcMap。

步骤4：画第一个多边形，参见实验7的表7-3中地图窗口的操作步骤。

步骤5：画第二个多边形。在"Editor"工具条上，"Task"选择框中选择"Auto-Complete Polygon"。第一点画在第一个多边形里面，将鼠标移动到两个多边形相交的点/线的附近，点击鼠标右键，在弹出的对话框中选择"Snap To Feature"（根据相交的图形的类型，选择"Endpoint"或"Vertex"等），接着，绘制最后一个点，双击完成多边形的绘制。

注意：画第二个多边形的最后一点也一定要点在第一个多边形里面。

小练习

利用多边形工具在新建图层绘制南京、镇江、扬州三个相邻的市的边界。

步骤1：在ArcMap中，利用"✦"打开栅格图（边界图），直接打开(display)不用图像配准。

步骤2：新建一个图层。参见"绘制相邻有公共边的多边形"的步骤1、步骤2。

步骤3：利用多边形工具在新建图层上绘制南京、镇江、扬州三个相邻的市的边界。

公共边界的处理方法如下：

表8-1　利用"Auto-Complete Polygon"完成相邻多边形的绘制

步骤	操　　作
1	在新建图层上，用多边形工具绘制南京轮廓线。
2	在南京市这个多边形里面画上第一点。
3	将鼠标放在位置1(如8-8)，点击鼠标右键，在弹出的对话框中选择"Snap To Feature"—"Vertex"。 注意：利用此操作可以用于精确地捕捉结点。
4	画完扬州外部轮廓后(不与南京相交的轮廓)，将鼠标移至位置2，重复步骤3。然后将最后一点画至南京市这个多边形里面，双击，结束。不用绘制公共边界，公共边会自动形成。 用同样方法完成镇江轮廓线的绘制。
5	保存新建图层："Editor"工具条上，"Editor"—"Save Edits"。
6	建立属性表，在属性表中写入三个城市的名称。 具体操作步骤见实验10的第6点 属性表的建立。

图 8-8　利用"Auto-Complete Polygon"完成相邻多边形绘制的过程痕迹

绘完 3 个相邻的多边形后,设法完成一个"三城市分布图"。

图框绘制方法:

(1) 在菜单栏上点击"View"—"Layout View"。

(2) 标上该图的名称:在菜单栏上点击"Insert"—"Title",自己想办法调整图名的文字大小、位置以及字体、颜色。

三个城市名可分别用标注工具添加到图面(在左边的内容对话框中,选中绘有三城市的图层,点击鼠标右键,在出现的对话框中选择"Label Feature"),文字样式可自己确定。显示结果如图 8-9 所示。

图 8-9　ArcGIS 江苏三城市分布图

绘制完成后，将你的矢量图层（城市边界）的 ArcGIS 文件调整出图版面，以 JPG 格式导出（菜单栏"File"—"Export Map"），并放在一个文件夹，文件夹用自己的名字和学号命名，提交。

（二）属性表更新列操作

步骤1：现对于世界地图，欲将其属性表中的某一列数值更改，此时需要用到"Field Calculator"操作，如图8-10所示。

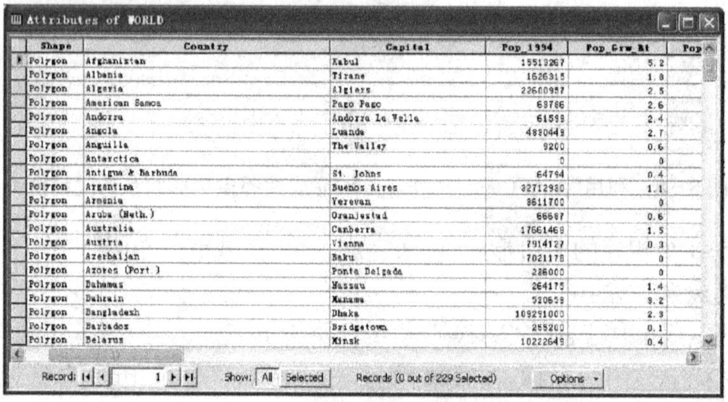

图 8-10 ArcGIS 世界地图的属性表

步骤2：在打开的世界地图属性表中，选中所要更新的列，点击鼠标右键，弹出对话框如图8-11。选择"Field Calculator"，对于出现的对话框直接点"Yes"，出现"Field Calculator"对话框里。

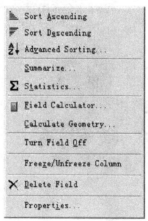

图 8-11 ArcGIS 中的对列进行操作的对话框

步骤 3:如该列需要更新的值是经过表达式计算而得,则直接在图 8-12 的"Field Calculator"对话框里进行操作,在对话框里可以输入几个字段的加减乘除,也可以采用右边的 Function 选项框里的函数进行复杂计算。

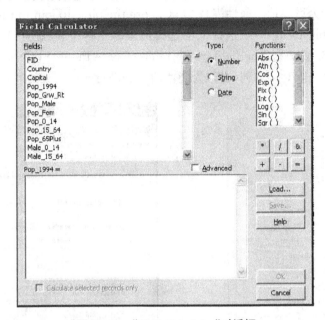

图 8-12 "Field Calculator"对话框

步骤 4:如该列需要更新的值是另一张表中某一列的值,就要进行"Join"操作。

(1) 在属性表下面点击"Options"。
(2) 出现"Options"对话框(如图 8-13)。

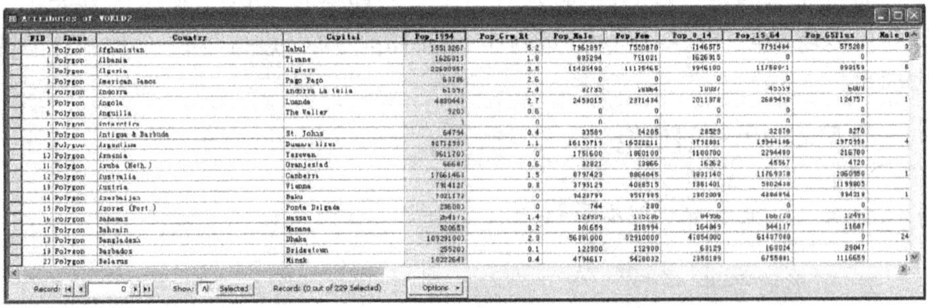

图 8-13 属性表中的"Options"按钮

在"Options"对话框中选择"Joins and Relates"—"Join",出现"Join Data"对话框,如图 8-14 和图 8-15 所示。"Join Data"对话框中的"1. Choose the field in this layer that the join will be base on"选择框中选择所要更新列所在的表(在此,为世界地图属性表);"2. Choose the table to join to this layer, or load the table from disk"选择框中选择值来源于哪个表(在此选择 GRID15 属性表);"3. Choose the field in the table to base the join on"选择框中选择两个表所要进行对接的列(必须为能使两个表进行一一对应的列)。

图 8-14 "Options"对话框

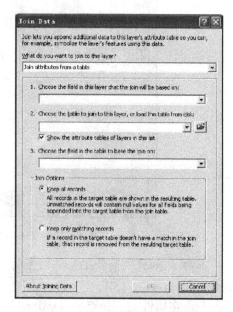

图 8-15 "Join Data"对话框

需要注意的是,目标表中必须有至少一列和本表"world"中某一列完全一致才可以联接匹配,点击"OK"进行 Join 操作完毕后,进行步骤 2、步骤 3 的操作即可。

在 MapInfo 中的操作

(一)矢量图的形状编辑

1. 图形的合并

步骤 1:打开世界地图(图 8-16)将美国和加拿大两个国家合并为一个图形。

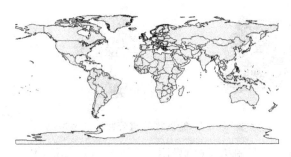

图 8-16 MapInfo 中打开的世界地图

步骤 2：地图→图层控制→将 world 层设为可编辑层→按 SHIFT 键选中"美国"和"加拿大"→对象→合并。

2. 分割一块图形

方法：利用矩形绘制工具在美国绘一矩形，选中（激活）美国→对象（或右键）→设置为目标（注意：此步为设置对象一般操作）→选中矩形→对象→分割。然后分别点击美国和矩形，看结果如何。

3. 擦除

方法：与上操作类似，只是将分割换为擦除命令即可。

4. 两点间长度测量

方法：在工具栏中选中"标尺"，点击第一点并向第二点拖动过程中，可以看见左上角 界面中数值发生变化，从而可得知两点之间距离。

5. 图形周长测量

方法：对于测量的对象图形，选中"标尺"的情况下，按"S"键使得屏幕下方出现 SNAP ，光标经过图形边界时，便会显示虚线十字，以此可测量图形周长。

6. 面积测量

方法：图形面积测量方法见实验四中"面积测量问题"。

7. 绘制相邻有公共边的多边形

如图 8-17，左图为一个单独的多边形，我们已经知道如何在 MapInfo 绘制它。以下来了解如何绘制两个相邻，有公共边的多边形（右图）。不用重复绘制公共部分的线条，若重复绘制不但会增加工作量，而且也无法实现完全重叠。

图 8-17　绘制相邻有公共边的多边形

在 MapInfo 打开栅格图(边界图),直接打开(display)不用图像配准。

(思考:为什么有的也可直接打开 TAB 而有的打开 RASTE 呢?虽然 RASTE 可以配准,可是为什么不用进行配准时也用它呢?)

利用多边形工具在装饰图层绘制南京、镇江、扬州三个相邻的市的边界。公共边界的处理方法如下:

(1) 先创建一个图层,用多边形工具绘制南京轮廓线。

(2) 按 S 键(Snap),节点咬合热键。将鼠标放在位置 1(如图 8-18)点击,点击时会出现一个十字丝。

图 8-18　利用 S 键和 Shift 键完成相邻多边形绘制的过程痕迹

(3) 再将鼠标移至位置 2,按鼠标左键的同时按 Shift 键(注意:Shift 先按下去,直到跳过来以后再接着绘制多边形),然后松开 Shift 键并用鼠标绘制红线(扬州市轮廓线,回到位置 1 时双击,结束。不用绘制公共边界,公共边会自动形成。用同样方法完成镇江轮廓线的绘制。

(4) 并利用修改表结构,然后在属性表中写入三个城市名称。

绘完 3 个相邻的多边形后,设法完成一个"三城市分布图"。

图框绘制方法:另建一层,绘一图框(利用矩形绘图工具,自己确定图框线的颜色、式样、宽度,不要充填颜色),再标上该图的名称(利用文字工具 T,自己想办法调整图名的文字大小、位置以及字体、颜色),三个城市名可分别用标注工具添加到图面,文字样式可自己确定。如图 8-19。

图 8-19 利用 S 键和 Shift 键完成相邻多边形绘制

绘制完成后,为你的矢量图层(城市边界、图框以及文字)的 MapInfo 文件建一个文件夹,并写上自己的名字和学号,提交。

(二) 属性表更新列操作

(1) 现对于世界地图,欲将其属性表(图 8-20)中的某一列数值更改,此时需要用到更新列操作。

Capital	Pop_1994	Pop_Grw_Rt	Pop_Male	Pop_Fem
Kabul	15,513,267	5.2	7,962,397	7,550,870
Tirane	1,626,315	1.8	835,294	791,021
Algiers	22,600,957	2.5	11,425,492	11,175,465
Pago Pago	63,786	2.6	0	0
Andorra La Vella	61,599	2.4	32,735	28,864
Luanda	4,830,449	2.7	2,459,015	2,371,434
The Valley	9,200	0.6	0	0
	0		0	0
St. Johns	64,794	0.4	30,589	34,205
Buenos Aires	32,712,930	1.1	16,190,719	16,522,211
Yerevan	3,611,700	0.0	1,751,600	1,860,100
Oranjestad	66,687	0.6	32,821	33,866
Canberra	17,661,468	1.5	8,797,423	8,864,045

图 8-20 世界地图的属性表

(2) 在"表"下拉菜单中选择"更新列"选项,弹出对话框如图 8-21 所示。

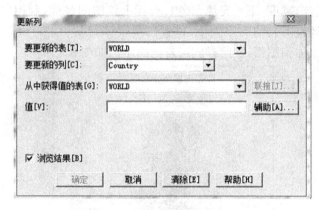

图 8-21　MapInfo 中的更新列对话框

"更新的表"选择本表"world","更新的列"选择想要更新的那一列。

(3) 如该列需要更新的值是经过表达式计算而得,则"从中获得的值"应选择本表"world",然后点击"辅助",在如下对话框中输入表达式进行更新列计算。

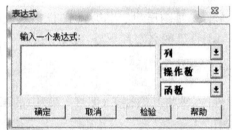

图 8-22　更新列对话框点击辅助后弹出的对话框

(4) 如该列需要更新的值是另一张表中某一列的值,"从中获得值的表"一项就应该选择目标表,这时会出现联接选项,如图 8-23。

需要注意的是,目标表中必须有至少一列和本表"world"中某一列完全一致才可以联接匹配,点击"联接"进行操作完毕后,选中相应的"计算"和"属于",最后点击"确定",完成更新列操作。

三、复习要点

在 ArcGIS 中

(1) 了解如何进行矢量化操作;了解"Snape to Feature"、"Auto-complete

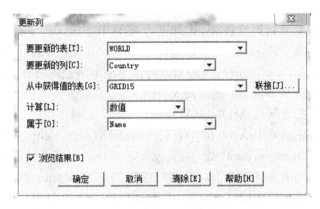

图 8-23 通过链接其他表完成更新列操作

Polygon"的功能;了解如何改变图形形状、如何改变图形样式。

（2）了解标尺在测量长度以及辅助矢量化操作中的作用。

（3）了解更新列操作中,比如某个数字型字段 num,熟悉掌握 Abs (num)、Cos(num)、Sin(num)、Tan(num)、Int(num)、exp(num)、sqr(num)、log(num)这些函数的用法。不清楚的可在输入数学表达式的对话框中查询 ArcGIS 的帮助文件。

（4）了解在更新列操作中,比如某个字符串字段 str,了解 InStr(num, str1, str2)、LCase＄(str)、Left＄(str, num)、Len(str)、Right＄(str, num)、Str＄(expr)、UCase＄(str)、Val(str)的作用。不清楚的可在输入数学表达式的对话框中查询 ArcMap 的帮助文件。

（5）了解在更新列操作中,运算符"＋"、"－"、"＊"、"/"、"^"的作用。

（6）了解更新列操作中如何链接到另一数据表,然后利用该数据表中的字段给需要更新的字段赋值。

在 MapInfo 中

（1）了解如何进行矢量化操作。了解 snap、shift 的功能。了解如何改变图形形状、如何改变图形样式。

（2）了解标尺在测量长度以及辅助矢量化操作中的作用。

（3）了解矢量化编辑中 snap、shift 的功能。

（4）了解更新列操作中,比如某个数字型字段 num,熟悉掌握 Abs (num)、Cos(num)、Sin(num)、Tan(num)、Int(num)、exp(num)、sqr(num)、log(num)这些函数的用法。不清楚的可在输入数学表达式的对话框中查询

mapinfo 的帮助文件

（5）了解在更新列操作中，比如某个字符串字段 str，了解 InStr(num, str1, str2)、LCase＄(str)、Left＄(str,num)、Len(str)、Right＄(str,num)、Str＄(expr)、UCase＄(str)、Val(str)的作用。不清楚的可在输入数学表达式的对话框中查询 mapinfo 的帮助文件。

（6）了解在更新列操作中，运算符＋、－、＊、/、ˉ的作用。

（7）了解更新列中 Area(obj,str)、CentroidX(obj)、CentroidY(obj)、Distance(num_x,num_y,num_x2,num_y2,str)、Perimeter(obj,str)函数的作用。不清楚的可在输入数学表达式的对话框中查询 mapinfo 的帮助文件。注意 CentroidX 默认返回经纬度坐标，若要让他返回比如 UTM 地理坐标值需要 mapmasic 窗口下 set coordsys table tablename

（8）了解更新列操作中如何链接到另一数据表，然后利用该数据表中的字段给需要更新的字段赋值。

实验九　遥感影像图矢量化操作(1)

——栅格图像的地理坐标配准

一、实验目的

学习 GIS 图形配准、坐标建立、面积量测，初步掌握遥感影像矢量化操作。

二、实验内容

借助地形图和栅格图(交通图扫描)，在 ArcGIS 和 MapInfo 中建立直角坐标(坐标体系与地形图的公里网格一致)，在建立的坐标体系下勾绘某一湖泊的轮廓，保存为 tab 文件，并进行湖泊面积测量(面积、周长、直径)。为简单起见，本次实验进行直角坐标的建立，而不是球面地理坐标。

(一) 配准栅格图像

1. 配准栅格图像的原理说明

栅格图像是 GIS 的主要数据来源。以栅格图为基础图件提取所需要的信息，进行矢量化时，只有进行坐标与投影的设定，才能在以后的空间信息使用中获得正确几何数据，例如面积、长度、坡度数据。

在 ArcGIS 和 MapInfo 中建立坐标体系这一过程是将栅格图像放置于规定的坐标系中，如同在一个影像上制定出 X,Y 坐标系和确定坐标的单位长度(如图 9-1 和图 9-2)，从而可以用坐标表示图上任何一点的位置，在此基础上进行矢量化所获得的点、线、面图形就位于这个设定的坐标体系中了。

在一个区域建立坐标体系，以直角坐标为例，其前提为确定一个坐标原点和 X,Y 坐标轴以及坐标长度单位。例如在一个平面只要确定(0,0)；(1,0)；(0,1)三个坐标点就可建立直角坐标。只要知道一个平面上任意 3 个点的 x,y 就可确立直角坐标。根据这一道理，先在图像上确定 3 个点的坐标，坐标值一般来自地形图，进行坐标配准后就可使这一图像置于与地形图一样的坐标系统内，并进行正确测量。MapInfo 的图像配准就是以此原理设计的。

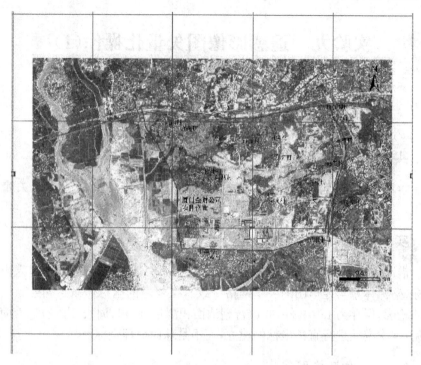

图 9-1 ArcGIS 中放置于某一坐标体系下的影像

图 9-2 MapInfo 中将一幅影像放置于某一坐标体系之下,以便进行正确测量

2. 配准栅格图像操作

图 9-3 根据地形图选出了 5 个点的坐标(点多精度也会适当提高)，x,y 数值来自地形图坐标。如连云港市的坐标为 $X=181.94$ ft, $Y=-58.93$ ft。

图 9-3 配准江苏行政边界图的 5 个坐标控制点示意

本练习操作：

第一步：扫描江苏省地图。根据正规地图(地形图)，选出 5 个以上的坐标控制点(该步骤已选定并标在了江苏省地图上，如图 9-3)。

在 ArcGIS 中的操作

第二步：利用 ArcMap 操作工具栏上的"Add Data" ，打开栅格地图(江苏省地理配准图.png)。

图 9-4 在 ArcMap 中打开江苏行政边界图

第三步：在最左边的图层对话框中选中"Layers"，点击鼠标右键，出现一个对话框，选择"Properties"，出现"Data Frame Properties"对话框（如图9-5）。在此对话框中选"General"选项页，在"Units"面板中的"Map"选择框中选择"Feet"，"Display"选择框中也选择"Feet"。

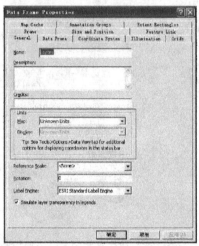

图9-5 "Data Frame Properties"对话框

在"Coordinate System"选项页（如图9-6）中，设定数据框的坐标系（与扫描的地图的坐标系一致），更新后，就变成真实的坐标。注意：本操作中，暂不进行坐标系的设定。

图9-6 "Coordiante System"选项页

第四步:调出"图像配准"工具栏("Georeferencing"工具栏)。菜单栏中选择"Tools"—"Customize"—"Toolbars"选项页(如图 9-7)。在"Toolbars"选项页中勾选"Georeferencing"。

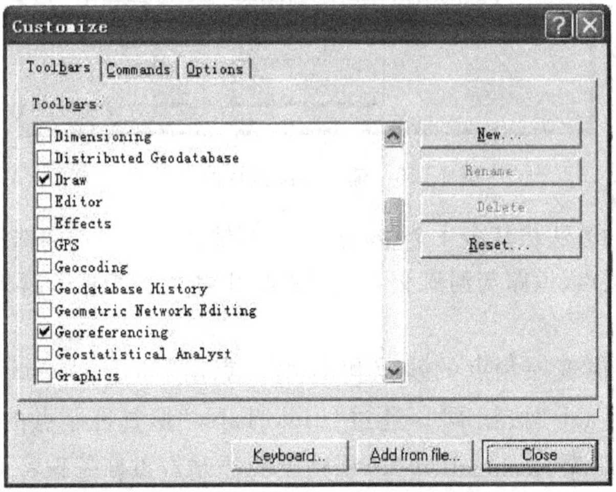

图 9-7 "Customize"对话框的"Toolbars"选项页

第五步:输入控制点。首先,在"Georeferencing"对话框中的 Layer 选项框中,选择所要配准的图层(如图 9-8)。然后,点击"Add Control Points"按钮 ,精确找到一个控制点点击后,再点击鼠标右键,出现对话框(如图 9-9),选择"Input X and Y",在出现的对话框中(如图 9-10)输入控制点的 X、Y 坐标。

图 9-8 "Georeferencing"对话框

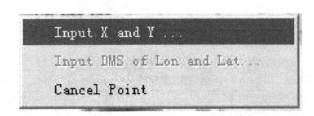

图 9-9 选中控制点再右击鼠标时出现的对话框

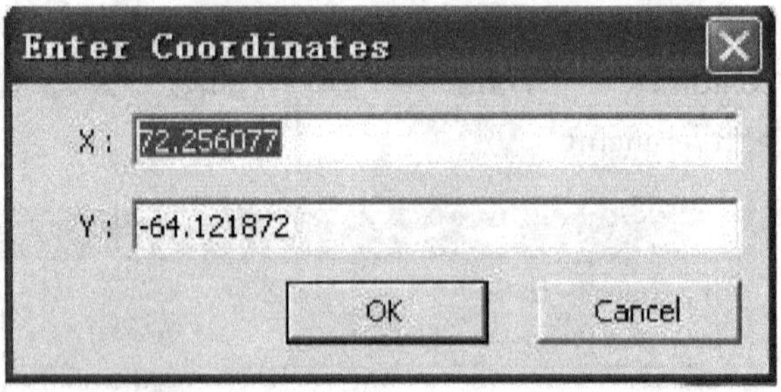

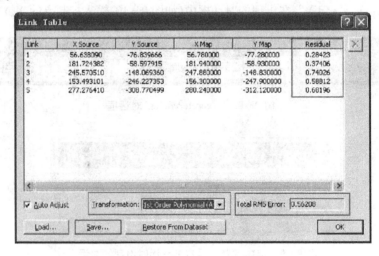

图 9-10 输入实际坐标值对话框

用相同的方法将其余 4 个控制点都进行输入。控制点的选择一般选择道路与道路交叉点、道路与河流交叉点、桥梁、山体的棱角点等容易识别和固定明确的空间点。

第六步:检查控制点的残差和 RMS。点击"Georeferencing"对话框的"View Link Table"按钮 。通过"Link Table"检查控制点的 Residual(残差)和 RMS,删除 Residual(残差)特别大的控制点重新选取控制点。Transformation(转换方式)设定为"2ndst Order Polynomial"(二次多项式,选择二次多项式后一般要选择 6 个控制点,控制点的个数根据公式 $(n+1)*(n+2)/2$,如果是 1st order 则选择 3 个控制点,如果是 2nd order,则是 6 个控制点,如果是 3rd order,则是 10 个控制点),如图 9-11。当控制点都选定好后,点击 OK。

图 9-11 "Link Table"对话框

注意：在"Link Table"对话框中点击"Save"按钮，可以将当前的控制点保存为磁盘上的文件，以备使用。

第七步：矫正并重采样栅格生成新的栅格文件：在"Georeferencing"对话框中点击"Georeferencing"—"Rectify"（如图9-12），对配准的影像根据设定的变换公式重新采样（通过"Resample Type"选择框进行选择），选择输出栅格图的空间分辨率Cell Size，另存为一个新的影像文件（如图9-13）。

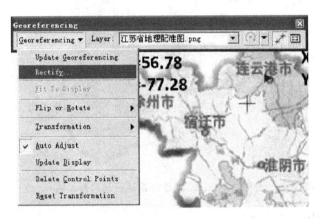

图9-12 选择矫正、重采样操作

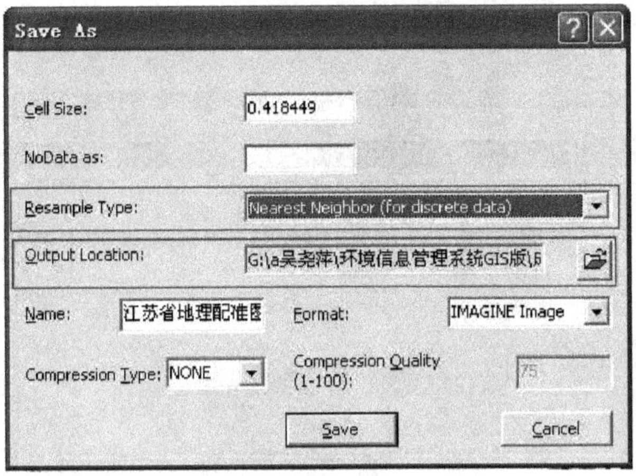

图9-13 保存矫正、重采样操作

第八步：新建图层，利用绘图工具描绘南京市轮廓（参见实验8中绘制相邻有公共边的多边形）。

第九步：用鼠标双击南京市图形内部，就可得到南京市市域的正确面积。面积量测的数据精度主要取决于所选控制点的精度和湖泊轮廓的描绘精度，以及原交通图的精度。南京市大致轮廓如图 9－14。

图 9－14　ArcGIS 绘制南京行政边界示意

在 MapInfo 中的操作

第二步：由 MapInfo 打开栅格地图（江苏省地理配准图），打开文件格式选栅格 Raster（如图 9－15）；再选 Register（图像坐标注册或配准），不要选 Display。

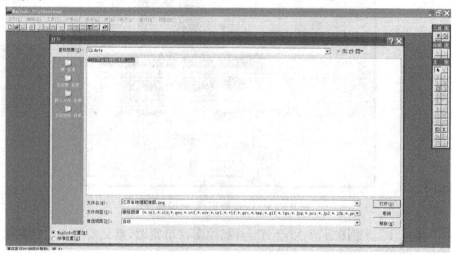

图 9－15　在 MapInfo 中打开江苏行政边界图栅格图

第三步:在图像配准对话框内选择投影方式为 Non-earth(非地理或直角坐标),即建立一个与地形图英尺网一致的直角坐标体系,坐标长度单位选 feet。

第四步:使用放大、缩小、平移功能找到其中一个控制点,准确点击控制点,并将 X、Y 坐标值输入。然后点击 new 增加下一个控制点,依次输入其他 4 个控制点。

第五步:点击 OK 键。坐标设定完成。

第六步:在装饰图层上利用多边形(polygon)绘图工具描绘南京市轮廓(若用折线工具绘将来多边形不能自动闭合)。

第七步:用鼠标双击南京市图形内部,就可得到南京市的市域正确面积。面积量测的数据精度主要取决于所选控制点的精度和湖泊轮廓的描绘精度,以及原交通图的精度。南京市大致轮廓如图 9-16。

图 9-16　MapInfo 绘制南京行政边界示意

(二)实验报告

课后完成实验文字报告"南京市面积的求算过程",内容主要包括实验目的、步骤、条件、结果、易出现的问题以及今后可能在环境科学工作中的应用等。

在 ArcGIS 中实验报告具体要求与格式如表 9-1。

表 9-1　ArcGIS 栅格图像地理坐标配准的课后练习题

"GIS 原理及应用"上机实验报告			
姓名	学号	上机日期	报告成绩

报告内容：　　　　　　　　　南京市面积的求算过程

实验目的：GIS 图形坐标建立，面积量测。

实验步骤：

1. 扫描江苏省地图。根据正规地图（地形图），选出 5 个以上的坐标控制点（该步骤已由老师选定并标在江苏省地图上）。
2. 由 ArcMap 利用操作工具栏上的"Add Data"打开栅格地图（江苏省地理配准图.png）。
3. 在最左边的图层对话框中选中"Layers"，点击鼠标右键，出来一个对话框，选择"Properties"，出现"Data Frame Properties"对话框。在"Data Frame Properties"对话框中选择"General"选项页，在"General"选项页中的"Units"面板中"Map"选择框中选择"Feet"，"Display"选择框中也选择"Feet"。

在"Coordinate System"选项页中，设定数据框的坐标系（与扫描的地图的坐标系一致），更新后，就变成真实的坐标。但本操作中，暂不进行坐标系的设定。

4. 调出"图像配准"工具栏（"Georeferencing"工具栏）。菜单栏中选择"Tools"—"Customize"—"Toolbars"选项页。在"Toolbars"选项页中勾选"Georeferencing"。
5. 输入控制点：首先在"Georeferencing"对话框中的 Layer 选项框中，选择所要配准的图层。然后点击"Add Control Points"按钮，精确找到一个控制点点击后再点击鼠标右键，出现对话框，选择"Input X and Y"，在出现的对话框中输入控制点的 X、Y 坐标。

用相同的方法将其余 5 个控制点都进行输入。

6. 检查控制点的残差和 RMS：点击"Georeferencing"对话框的"View Link Table"按钮。通过"Link Table"检查控制点的 Residual（残差）和 RMS，删除 Residual（残差）特别大的控制点重新选取控制点。Transformation（转换方式）设定为"2nd Order Polynomial"（二次多项式）。当控制点都选定好后，点击 OK。
7. 矫正并重采样栅格生成新的栅格文件：在"Georeferencing"对话框中点击"Georeferencing"—"Rectify"，对配准的影响根据设定的变换公式重新采样（通过"Resample Type"选择框进行选择），另存为一个新的影像文件。
8. 新建图层，利用绘图工具描绘南京市轮廓（参见实验 8 中绘制相邻有公共边的多边形）。
9. 课后完成实验文字报告"南京市面积的求算过程"，内容主要包括实验目的、步骤、条件、结果、易出现的问题以及今后可能在环科工作中的应用等。

实验条件：

主要需要栅格图像，并且需要设置坐标系统，本实验中还需江苏省地图。

易出现的问题：

1. 坐标点标错。
2. 在勾图时由于两点过度靠近导致自动闭合。

未来在环科中的应用：

1. 计算机制图。
2. 空间数据库管理。
3. GIS 模拟。
4. 空间推理。

在 MapInfo 中实验报告具体要求与格式如表 9-2。

表 9-2 栅格图像地理坐标配准的课后练习题

"GIS 原理及应用"上机实验报告			
姓名	学号	上机日期	报告成绩

报告内容：　　　　　　　　　南京市面积的求算过程
实验目的：GIS 图形坐标建立，面积测量。
实验步骤：
1. 扫描江苏省地图。根据正规地图（地形图），选出 3 个以上的坐标控制点（该步骤已由老师选定并标在江苏省地图上，本次为 5 个控制点）。
2. 由 MapInfo 打开栅格地图（江苏行政边界图），打开文件格式选栅格 Raster；再选 Register（图像坐标注册或配准），不要选 Display。
3. 在图像配准对话框内选择投影方式为 Non-earth（非地理或直角坐标），即建立一个与地形图公里网一致的直角坐标体系，坐标长度单位选 km。
4. 使用放大、缩小、平移功能找到其中一个控制点，准确点击控制点，并将 X、Y 坐标值输入。然后点击 New 增加下一个控制点，依次输入其他 4 个控制点。
5. 点击 OK 键。坐标设定完成。
6. 在装饰图层上利用多边形（polygon）绘图工具描绘南京市轮廓（若用折线工具绘将来多边形不能自动闭合）。然后双击显示面积。记录下你所求出的面积数值。
7. 课后完成实验文字报告"南京市面积的求算过程"，内容主要包括实验目的、步骤、条件、结果、易出现的问题以及今后可能在环科工作中的应用等。

实验条件：
主要需要栅格图像，并且需要设置坐标系统，本实验中还需要江苏省地图。
易出现的问题：
1. 坐标点标错。
2. 在勾图时由于两点过度靠近导致自动闭合。
3. 由于图放得太大，使湖不在一个平面内，导致线拉出去而图找不到。
未来在环科中的应用：
1. 计算机制图。
2. 空间数据库管理。
3. GIS 模拟。
4. 空间推理。

三、复习要点

（1）掌握如何进行栅格图配准。

（2）掌握如何进行坐标建立。

（3）掌握矢量图形面积的测量。

实验十　属性数据输入

一、实验目的

(1) 学习并掌握 ArcGIS 软件属性数据输入的基本操作。
(2) 学习并掌握 MapInfo 软件属性数据输入的基本操作。

二、实验内容

(一) 了解 GIS 数据的主要文件类型

在 ArcGIS 中

结合图 10 - 1，进一步了解上课时提到 Shapefile 数据的主要文件(*.dbf、*.sbn、*.sbx、*.shp、*.shp.xml、*.shx、*.prj)。

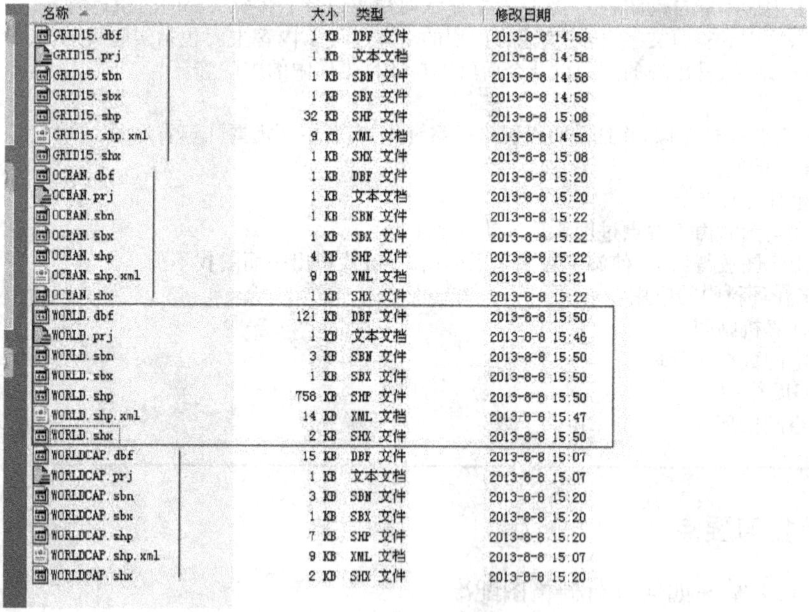

名称	大小	类型	修改日期
GRID15.dbf	1 KB	DBF 文件	2013-8-8 14:58
GRID15.prj	1 KB	文本文档	2013-8-8 14:58
GRID15.sbn	1 KB	SBN 文件	2013-8-8 14:58
GRID15.sbx	1 KB	SBX 文件	2013-8-8 14:58
GRID15.shp	32 KB	SHP 文件	2013-8-8 15:08
GRID15.shp.xml	9 KB	XML 文档	2013-8-8 14:58
GRID15.shx	1 KB	SHX 文件	2013-8-8 15:08
OCEAN.dbf	1 KB	DBF 文件	2013-8-8 15:20
OCEAN.prj	1 KB	文本文档	2013-8-8 15:20
OCEAN.sbn	1 KB	SBN 文件	2013-8-8 15:22
OCEAN.sbx	1 KB	SBX 文件	2013-8-8 15:22
OCEAN.shp	4 KB	SHP 文件	2013-8-8 15:22
OCEAN.shp.xml	9 KB	XML 文档	2013-8-8 15:21
OCEAN.shx	1 KB	SHX 文件	2013-8-8 15:22
WORLD.dbf	121 KB	DBF 文件	2013-8-8 15:50
WORLD.prj	1 KB	文本文档	2013-8-8 15:46
WORLD.sbn	3 KB	SBN 文件	2013-8-8 15:50
WORLD.sbx	1 KB	SBX 文件	2013-8-8 15:50
WORLD.shp	758 KB	SHP 文件	2013-8-8 15:50
WORLD.shp.xml	14 KB	XML 文档	2013-8-8 15:47
WORLD.shx	2 KB	SHX 文件	2013-8-8 15:50
WORLDCAP.dbf	15 KB	DBF 文件	2013-8-8 15:07
WORLDCAP.prj	1 KB	文本文档	2013-8-8 15:07
WORLDCAP.sbn	3 KB	SBN 文件	2013-8-8 15:20
WORLDCAP.sbx	1 KB	SBX 文件	2013-8-8 15:20
WORLDCAP.shp	7 KB	SHP 文件	2013-8-8 15:20
WORLDCAP.shp.xml	9 KB	XML 文档	2013-8-8 15:07
WORLDCAP.shx	2 KB	SHX 文件	2013-8-8 15:20

图 10 - 1　shapefile 数据的主要文件类型

在资源管理器中查看有 4 个图层(国家、首都、海洋、经纬线网)。每个图层有 6~7 个文件。文件在实验 7 的数据文件夹中。

表 10-1　shapefile 数据主要文件的解释说明

文件类型	说　　明
.dbf	存储地理数据的属性信息的 dBase 表。
.shp	存储几何要素的空间信息，就是 XY 坐标。
.shx	存储有关 *.shp 存储的索引信息。记录了在 *.shp 中,空间数据是如何存储的,XY 坐标的输入点在哪里,有多少 XY 坐标对等信息。
.shp.xml	对 Shapefile 进行元数据浏览后生成的 xml 元数据文件。
.prj	储存 Shapefile 的空间参考信息。
.sbn .sbx	存储 Shapefile 的空间索引,能加速空间数据的读取。这两个文件是对数据进行操作、浏览或连接后才产生的。

注:其中 *.dbf、*.shp、*.shx 是一个 Shapefile 文件的基本文件。

在 MapInfo 中

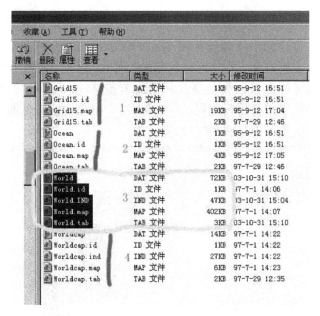

图 10-2　Mapinfo 的几个重要文件

在资源管理器中查看世界地图有 4 个图层(国家、首都、海洋、经纬线网)。每个图层有 4~5 个文件。文件在第一次上机的数据文件夹中。

表 10-2 Mapinfo 几个重要文件的解释

.tab	.map	.dat	.id	.ind
图层数据组织管理文件	图形文件（数据量最大）	属性文件	图、属连接文件	用于查找图中内容的索引文件，若不需要，该文件可以省去

以下内容在绘制两个简单多边形之后（形成 map 文件），来定义和编辑 dat 文件，从而了解如何形成一个完整的、实用的 MapInfo 文件过程。

（二）绘制"江苏沿海养殖区图"

利用遥感影像资料绘制"江苏沿海养殖区图"，并建立属性表（如上述世界地图的属性表格文件），填入养殖区名称等数据，以便进行 GIS 显示和查询，为组建生态功能区环境信息系统做准备。

在 ArcGIS 中的操作

1. 添加数据

在 ArcMap 中，利用"添加数据（Add Data）"添加"江苏沿海遥感影像图以及需要矢量化的沿海养殖区图.jpg"（如图 10-3）。该图是一个栅格图像，不用配准，直接打开。在实际矢量化的操作中，要先对底图（本实验为"江苏沿海遥感影像图以及需要矢量化的沿海养殖区图.jpg"）进行坐标系的设定、矫正配准后，再进行矢量化（详见实验 11）。但因本实验的重点为属性数据的输入，因此，先不进行底图配准，直接进行矢量化。

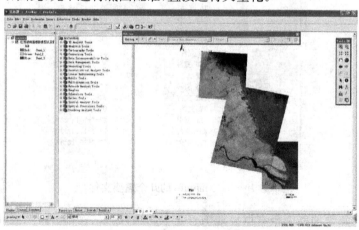

图 10-3 沿海养殖区轮廓图

2. 新建图层进行矢量化

步骤1：新建一个图层。在ArcMap中的操作工具栏中，点击""，打开ArcCatalog。在ArcCatalog左边的对话框中，选中新建图层所要存储的地方。选好图层所要存储的地方后，在ArcCatalog右边的对话框中的空白处，点击鼠标右键，出来一个对话框（如图10-4）。"New"—"Shapefile"，出现对话框（如图10-5）。

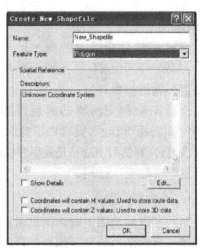

图10-4 创建图层对话框　　　图10-5 设置新建图层的属性对话框

步骤2：设置新建图层的属性。在图10-5所示的对话框中，在"Name"文本框中填写新建图层的文件名（本实验的新建图层统一命名为"沿海养殖区"），"Feature Type"选择框中选择"Polygon"（因为新建图层中所要绘制的图形是多边形，因此，图层的要素类型要选择"Polygon"多边形）。其余选项默认。

步骤3：在ArcMap中添加"沿海养殖区"图层。在ArcMap中的操作工具栏中，点击"　"，将"沿海养殖区"图层添加进ArcMap。

3. 描绘沿海养殖区轮廓

这一步是GIS的信息采集过程，从遥感影像上获取湖泊轮廓信息，变为ArcMap的矢量数据，即信息矢量化过程。绘制轮廓不能直接绘在影像上，而应绘在一个新页面上，即我们新建的Shapefile图层上。新建的图层，其作用如同一张透明纸，将它蒙在遥感影像上，我们用铅笔就可将沿海养殖区轮廓绘制下来。

步骤1：激活"Editor"工具栏，即在"Editor"工具栏上点击"Editor"—

"Start Editing"。

步骤 2：在"Editor"工具栏上，"Target"选择框中选择"沿海养殖区"，"Task"选择框中选择"Create New Feature"，如图 10-6。

图 10-6　设置 Editor 工具条

步骤 3：在"Editor"工具栏上点击铅笔 ，开始进行养殖区多边形的绘制。

步骤 4：保存所绘制的养殖区多边形。在"Editor"工具栏上点击"Editor"—"Save Editing"，就将所绘制的要素进行保存了（建议：每画完一个养殖区多边形就进行保存）。

步骤 5：绘制完所有的养殖区多边形。在"Editor"工具栏上点击"Editor"—"Stop Editing"，就结束了此次的多边形编辑操作。

注意：良好的习惯应该是先保存编辑的要素（即多边形），再结束编辑操作。

绘制技巧见二维码。

4. 属性表的建立

如同在世界地图上查询国家名称及人口等信息，我们希望将来能对这些沿海养殖区信息进行查询。

使用"属性信息查询"，即"Tools"工具条上的"Identify"按

绘制技巧

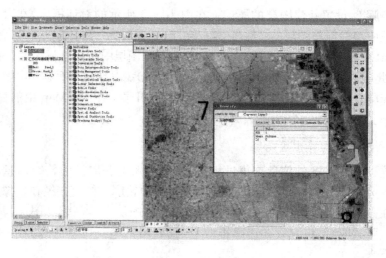

图 10-7　ArcGISIdentify 属性信息查询对话框

钮 ❶。将见到 FID、Shape、ID(如图 10-7 所示),暂时还没有任何与环境有关的信息。我们的目的是以后点击每一个沿海养殖区多边形时,可以查到该沿海养殖区的名称以及相关信息。

首先,需建立属性表,以定义属性表结构开始。

(1) 操作

① 打开属性表:在左边的内容对话框中选中"沿海养殖区",点击鼠标右键,在出现的框中,选择"Open Atrribute Table"。

② 添加属性列:在"Attribute of 沿海养殖区"中点击"Options"—"Add Field"(如图 10-8),在出现的"Add Field"对话框中设定属性列("name"可定为"湖泊"—type 选字符型(Text)—长度定 10(根据要填入的字符最大数量决定)(如图 10-9),点击"OK"以后,属性列就添加成功了。

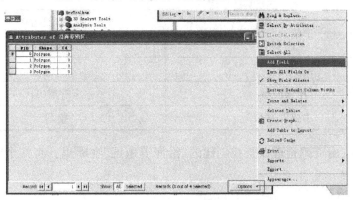

图 10-8 ArcGIS 添加属性列操作

图 10-9 定义属性列操作

注意：在图层处于编辑状态下（即未对图层进行"Stop Editing"），无法添加属性列。此外，当打开 ArcCatalog 时也无法添加属性列。

③ 建立好属性列后，就要进行属性的添加了。

添加属性操作，首先使沿海养殖区图层处于编辑状态（在"Editor"工具条上进行设定），然后打开图层的属性表，最后选中所要编辑的行，填入湖泊名称。

④ 用标注工具 label 实验标注功能。

按同样方法继续增加新的属性列，并填入沿海养殖区的各种数据（表10-3），以便查询。注意：属性表每列的数据类型有字符型、整数型、小数型等，按需要进行定义，定义不正确将无法正确显示或使用。

表 10-3 沿海养殖区的属性情况

名　　称	数　据　类　型
面积	浮点型
周长	浮点型
所属海域	字符型(4)
主要养殖品	整型

思考：由资源管理器查找创建的"沿海养殖区"在哪里？有几个文件？数据量如何？

（2）结果

最终得到 2 个图层：遥感影像和沿海养殖区。当对图中两个湖泊分别进行点击查询时，会出现图 10-10 的信息框。

若想将 Shp 文件转为 AutoCAD 格式，可在"ArcToolbox"中找到"Conversion Tools"—"To CAD"—"Export to CAD"。

<u>在 MapInfo 中的操作</u>

1. 由 File 打开 Table

在 MapInfo 打开文件对话框中，打开"江苏沿海遥感影像图以及需要矢量化的沿海养殖区图.jpg"。该图是一个栅格图像，在打开对话框中选定要打开的文件类型（选栅格，Raster image），不用配准，选 Display 直接打开。

2. 描绘沿海养殖区轮廓

这一步是 GIS 的信息采集过程，从遥感影像上获取湖泊轮廓信息，变为

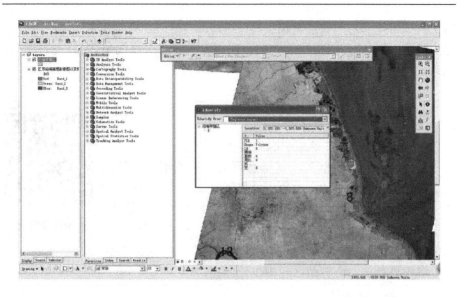

图 10-10　ArcGIS 沿海养殖区图形的属性建立及查询结果

MapInfo 的矢量数据,即信息矢量化过程(图 10-11)。绘制轮廓不能直接绘在影像上,而应绘在一个新页面上。每次使用 MapInfo 都为我们提供了一个现成的空白页面(称装饰图层,Cosmetic Layer),其作用如同一张透明纸,将它蒙在遥感影像上,用铅笔就可将沿海养殖区轮廓绘制下来。

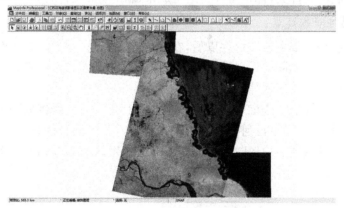

图 10-11　沿海养殖区轮廓图

在图层控制对话框中(点击右键就可调出 Layer Control),将装饰图层设为可编辑(笔符号下打钩),使绘图工具栏(Drawing)里的工具可用。

要绘制的湖泊是一个封闭区域,所以在绘图工具栏上应该选绘制多边形的工具(Polygon),不要选折线工具(Polyline),这一工具是用来绘道路、河流、电力线路、排水管道等线状地物的。在用 Polygon 绘制线条,当首尾封闭时,线条会自动闭合,形成一个区域。

3. 绘制线条技巧

绘制技巧见二维码。

4. 面积测量问题

在图层控制对话框关闭遥感图层的可视选项,就可以更加清楚看到你绘制的湖泊轮廓成果了。

双击轮廓,将会出现该轮廓的面积、周长等数据。因为工作无须进行面积测量,为了节省时间这次不进行图像坐标配准,所以显示的面积等数据不是实际数据。

继续将其他沿海养殖区轮廓也绘制完。

绘制线条技巧

5. 装饰图层的保存

装饰图层是一个临时图层,当你退出 MapInfo 时,若不进行正确的保存,将会使绘制结果付之东流。

正确的保存操作是:在顶部菜单中找 map—save cosmetic objects,在出现的对话框中填入要保存图层的名字(任意起)和保存地址。最好建一个以你名字命名的文件夹,你也可以将这一成果(新的 tab 文件)拷在 U 盘上。

6. 属性表的建立

装饰层经过如上方法保存以后,在图层对话框将见到由你命名的 tab 文件的新图层了。如同在世界地图上查询国家名称及人口等信息,我们希望将来能对这些沿海养殖区信息进行查询。

你可用属性信息查询(主工具条上的按钮"I")多边形,将见到 ID 和一个为 0 的框,暂时还没有任何与环境有关的信息。我们的目的是要在以后点击每一个沿海养殖区多边形时可以查到该沿海养殖区的名称以及相关信息(如图 10-12)。

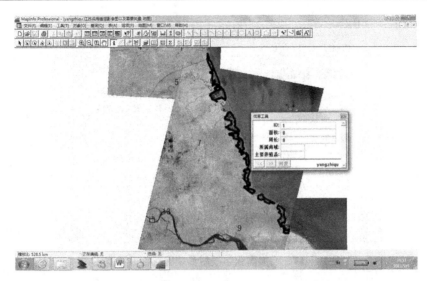

图 10-12　按需要设计图形属性表,以便信息查询

首先需建立属性表,以定义属性表结构开始。操作:table-maintenance-table structure-add field-name 可定为湖泊名称→type 选字符型→长度定 10(依照要填入的字符最大数量决定)(图 10-13、图 10-14、图 10-15)。"OK"以后,图形将自动更新保存一次,需将图形再次打开。用 I 工具填入湖泊名称和编号。

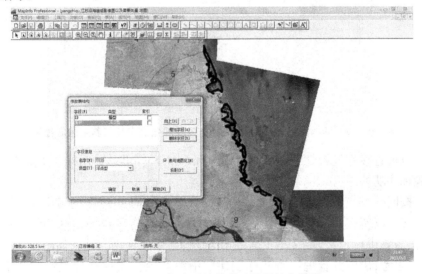

图 10-13　初步设计的养殖区属性表结果

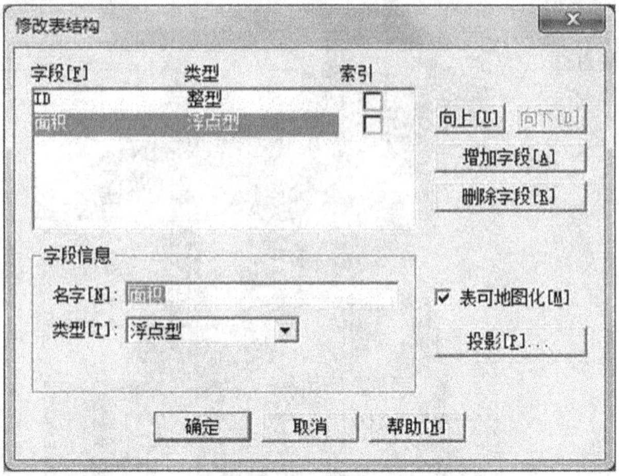

图 10-14　增加面积字段后养殖区属性表示意图

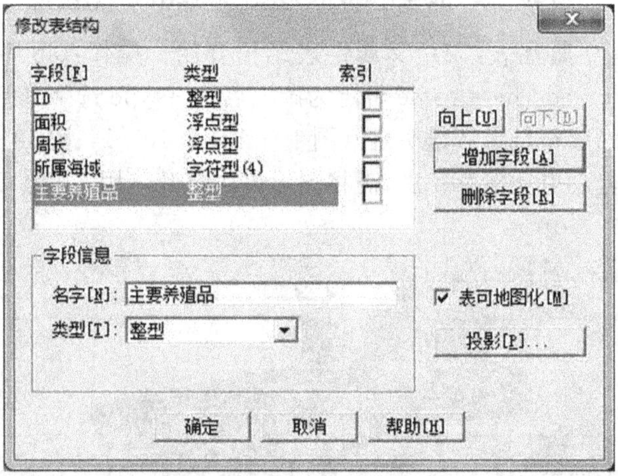

图 10-15　增加面积、周长、所属海域、主要养殖品字段的养殖区属性表

也可直接查询属性表：window-new browser window。用标注工具 Label 实验标注功能。

按同样方法继续增加新的属性列，并填入沿海养殖区的各种数据（图10-16），以便查询。注意：属性表每列的数据类型有字符型、整数型、小数型等，按需要进行定义，定义不正确将无法正确显示或使用。结果如图10-12。

（思考：由资源管理器查找你创建的沿海养殖区文件在哪里？有几个文件？数据量如何？）

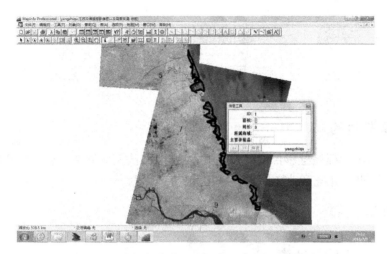

图 10-16　录入每个养殖区矢量面块单元的属性信息

7. 结果

工作最终你将一共有 2 个图层,遥感影像、沿海养殖区。当对两个湖泊分别进行点击查询时,会出现图 10-12 的信息框。

若想将 tab 文件转为 AutoCAD 格式,可在菜单中找到 Export 命令。

（三）结果提交

（1）将矢量图层的所有文件放在一个文件夹中(文件夹以自己的姓名和学号命名)。

（2）遥感图像文件不用上传。

（3）本练习不用写实验报告。

三、复习要点

（1）学会属性数据输入。

（2）在掌握属性数据输入的基础上,掌握属性表的建立。

实验十一 遥感影像图矢量化操作(2)

——厦门市翔安区光电产业园绿地矢量化案例

一、实验目的

进一步掌握遥感影像图矢量化操作，学会解决实际问题：利用 ArcMap 和 MapInfo 求算光电产业园绿地百分比和道路长度。

二、实验内容

（一）原理与思路

绿地面积百分比＝绿地面积/总土地面积；
总面积＝绿地面积＋非绿地面积。
求出产业园绿地面积（或非绿地面积）和产业园总面积，即可求出绿地百分比。
利用 MapInfo 折线工具绘出产业园道路，然后自动求出它们的长度。

（二）具体操作步骤

在 ArcGIS 中的操作

1. 对绿地面积百分比的求算

根据光电产业园的遥感影像，求算绿地面积的步骤是：

步骤1：根据查找得到的 villages.shp 坐标对"光电产业园遥感影像图"进行地图配准。

注意："光电产业园遥感影像图.jpg"的投影设置要与"villages.shp"相同。影像上三个控制点的坐标分别为：龙东村(620479.74，2730778.47)；洪溪村(624080.45，2730971.32)；西炉村(620829.65，2728556.22)。

（1）查找 villages.shp 的 XY 坐标

① 查询 villages.shp 图的坐标体系，具体操作为：在左边的内容对话框中选中 villages 图层，点击鼠标右键，在出现的图层操作对话框中选择"properties"（如图 11-1），出现"Layer Properties"对话框，从"Layer Properties"对话

框中查看 villages 图层的坐标体系,如图 11-2 所示。

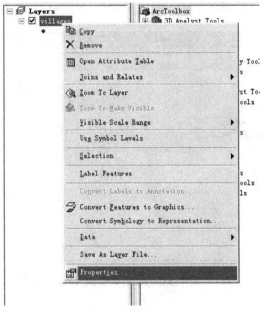

图 11-1 右击鼠标后出现的图层操作对话框

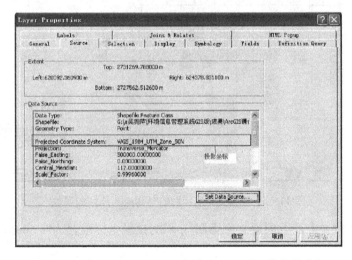

图 11-2 "Layer Properties"查看 villages 图层的投影坐标

② 查询 villages.shp 的点坐标,具体操作为:"ArcToolbox"—"Data Management Tools"—"Features"—"Add XY Coordinates";设置出现的

"Add XY Coordinates"对话框(如图 11 - 3)。

③ 结果如图 11 - 4。

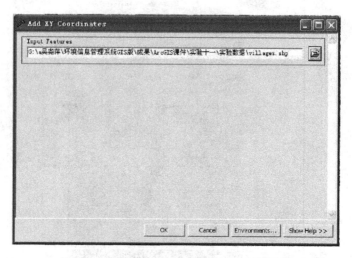

图 11 - 3　为"Villages. shp"添加 XY 坐标操作

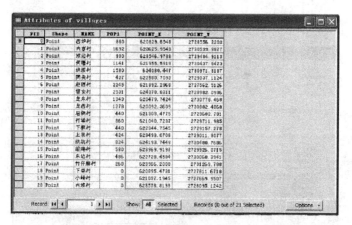

图 11 - 4　添加 XY 坐标后的"Villages. shp"的属性

(2) 将"光电产业园遥感影像图. jpg"的投影坐标设置为"villages. shp"的投影坐标

"ArcToolbox"—"Data Management Tools"—"projections and Transformations"—"Define Projection"。在出现的对话框中(如图 11 - 5),进行如下设置:

图 11-5　给"光电产业园遥感影像图"设置投影坐标系

①"Input Dataset or Feature Class"里选择要进行定义坐标系的目标图层。在此,即为"光电产业园遥感影像图.jpg"。

②"Coordinate System"里的相关操作:点击 ,出现"Spatial Reference Properties"对话框(如图 11-6),点击"Import";在出现的对话框中(图 11-7),找到"villages.shp"的存储路径,选择"villages.shp"(这意味着"光电产业园遥感影像图.jpg"将根据"villages.shp"坐标体系进行设置)。

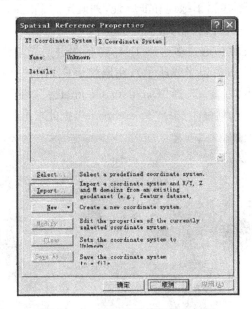

图 11-6　设置图层的投影坐标系

图 11-7 为"光电产业园遥感影像图"设置与"villages.shp"一样的坐标系

另外,还可以选择"Select"进行坐标系的自主选择。

(3) 利用实验 9 中栅格图像的地理坐标配准方法,选取合适的点,使用其坐标进行地图配准。

步骤 2:图形勾绘及面积计算。

(1) 分析图上哪些属于绿地和非绿地,并确定它们之间的分界线。注意:影像上其实还可进一步区分出乔灌木与草坪。

(2) 创建新的图层,通过多边形工具,在新图层上先勾绘出产业园内的绿地范围(如图 11-8 黄色包络线所示),在属性表中增加一列"面积",选中"面积"字段,点击鼠标右键,选择"Caculate Geometry",在"Property"中选择"area",再在"Unit"选项框中选择"Square metre",据此求出各绿地斑块图形的面

图 11-8 ArcGIS 勾绘出产业园内的绿地范围(黄色包络线所示)

积,最后再通过属性表对应字段的"Statistics"操作得到绿地总面积,求出各块绿地面积并累加计算总面积;也可先勾绘出非绿地范围:包括水泥地面、道路、建设工地及水池等(如图11-9),求出各块非绿地面积并累加计算总面积。

图11-9　ArcGIS勾绘出产业园内的非绿地范围(黄色包络线所示)

(3) 勾绘出产业园的总范围并求算面积(红色包络线所示范围,如图11-10)。

图11-10　ArcGIS勾绘产业园范围(红色包络线所示)

(4) 根据"绿地面积百分比=绿地面积/总土地面积"或者"绿地面积百分比=(总土地面积-非绿地面积)/总土地面积",产业园绿地百分比便可求出。

2. 对产业园道路长度的求算

创建新图,命名为"园区道路"。在图层上勾绘产业园内道路,并求算道路长度。利用绘制工具,绘出如图 11-11 上的紫色线条,然后求出各段长度和道路总长度。

图 11-11 ArcGIS 产业园道路(紫线所示)

自动求算道路总长度的方法:

(1) 在"园区道路"图层的属性表里新增一列,名为"Length",格式为 double。

(2) 求各段道路的长度:选中属性表的"Length"数据列,点击鼠标右键,在出现的对列操作的对话框中(图 11-12),选择"Calculate Geometry",直接选 Yes,出现"Calculate Geometry"对话框(图 11-13),按图进行各项设置。思考:"Calculate Geometry"对话框的每个选项框的意义何在?

(3) 求产业园道路总长度:选中属性表的"Length"数据列,点击鼠标右键,在"Attributes of road"对话框中(图 11-14)选择"Statistics",由此,我们在显现的"Statistics of Road"对话框中,可看到园区道路总长度以及园区道路平均长度(图 11-15)。

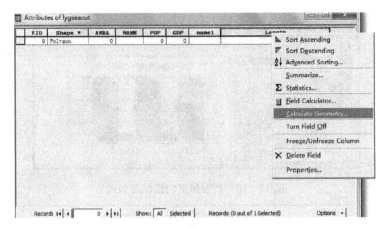

图 11-12　在对话框中选择"Calculate Geometry"

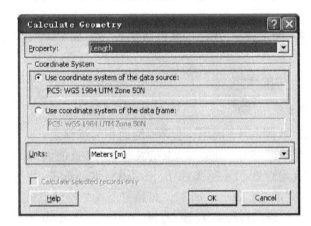

图 11-13　计算路段长度的设置

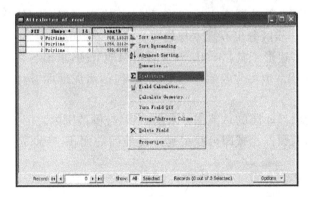

图 11-14　选择"Statistics"统计园区内道路总长

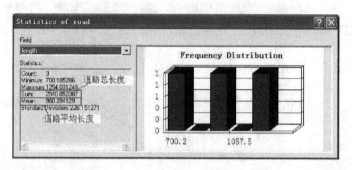

图 11 - 15　产业园区的道路总长度

注意：

（1）对前面各块绿地面积的求和可以试着使用 Summarize，而不用自己一块块的累加。

（2）也可将"园区道路"图层的属性数据表导出成 Excel，在 Excel 中求算总长度。

在 MapInfo 中的操作

1. 对绿地面积的求算

根据光电产业园的遥感影像，求算绿地面积的步骤是：

（1）根据查找得到的 villages.tab 的 x，y 坐标（查询该 tab 图到底是什么坐标体系）对"光电产业园遥感影像图.jpg"进行地图配准，生成"光电产业园遥感影像图.tab"，如图 11 - 16 所示。如影像上 3 个控制点的坐标分别为：龙东村（620479.74，2730778.47）、洪溪村（620480.45，2730971.32）、西炉村（620829.65，2728556.22）。

（2）分析图上哪些属于绿地和非绿地，并确定它们之间的分界线。影像上其实还可进一步区分出乔灌木与草坪。

（3）通过多边形工具，先勾绘产业园内绿地范围，求出各块绿地面积并累加算总绿地面积。也可先勾绘非绿地范围（包括水泥地面、道路、建设工地及水池）。

（4）勾绘出产业园的总范围并求出面积（红框范围内）。

（5）将前两数据相减即可获得另一类地面的面积，产业园绿地百分比便可求出。

图 11-16　在 MapInfo 中打开光电产业园遥感影像图（已配准）

图 11-17　MapInfo 勾绘非绿地（黄色包络线区域）

图 11-18　MapInfo 勾绘产业园范围(红色包络线所示)

2. 对产业园道路长度的求算

勾绘产业园内道路,并求算道路长度。利用折线绘制工具,绘出如图 11-19 上的紫色线条,然后求出各段长度和道路总长度。

图 11-9　MapInfo 产业园道路(紫色线所示)

自动求算道路总长度的方法:

(1) 先将临时图层上的道路线条保存为正式图层;

(2) 从菜单栏 Query 中找到 SQL Select;

(3) 填入选择条件,可求出各端道路的长度;

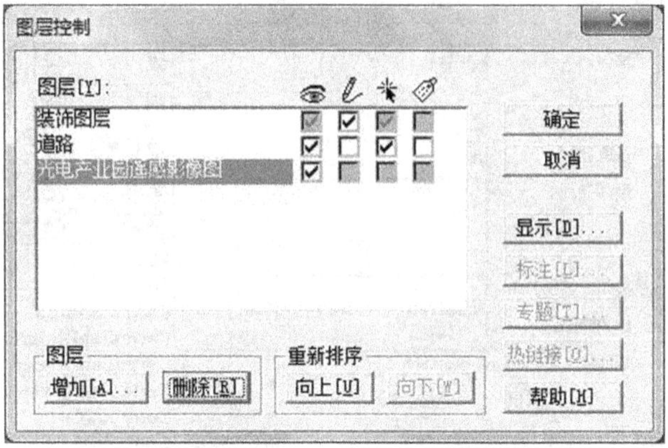

图 11-20 保存道路图层为正式图层

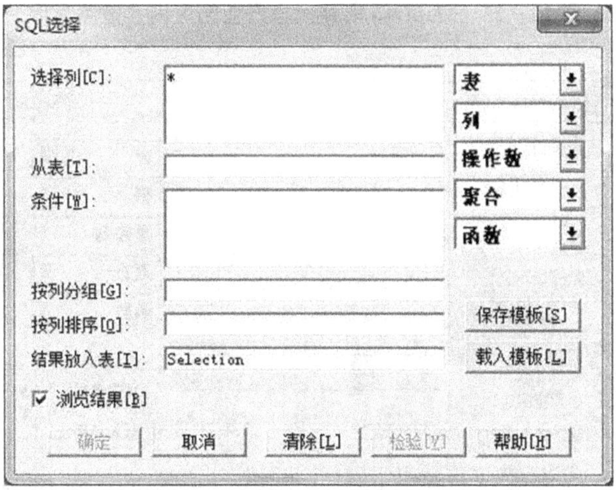

图 11-21 准备查询道路长度

(4) 对上一步结果求和,便可获得产业园道路总长度。

注意:对前面各块绿地面积的求和也可用同样方法获得,而不用自己一块块的累加。

图 11-22 查询选择对话框最上部的含义为,在属性表中形成一个新列,并填入直角坐标(Cartesian)下的道路图层中的图形对象(Object)的长度(length),长度单位 mi(该单位也可换成 km、m 等)。条件均可在右部下拉框中找到,不用键盘输入。

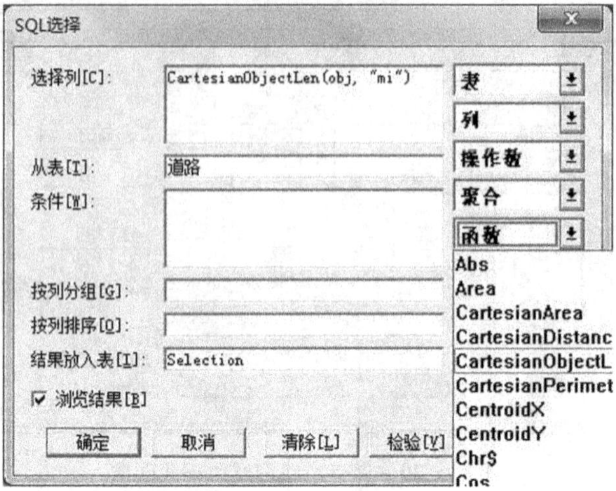

图 11-22　MapInfo 求算光电产业园区内各道路长度

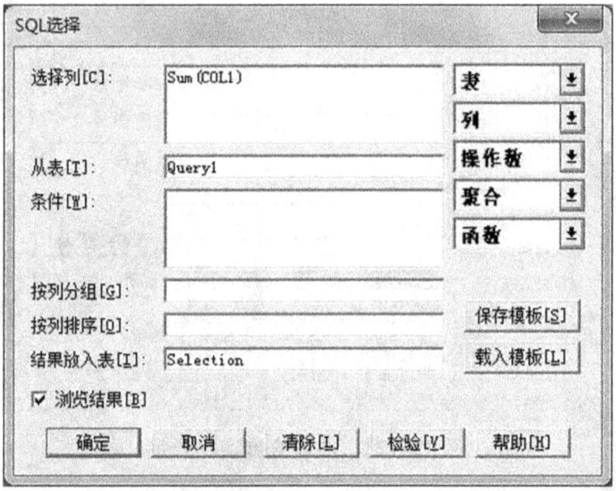

图 11-23　MapInfo 求道路总长度

对图 11-22 结果(各条道路长度 Query1)求和 Sum。(注意:也可将图 11-22 各段道路长度表格 Query1 另存,在 Excel 中求算总长度。)

(三) 实习报告提交

利用遥感影像求算公园绿地百分比和道路长度。

报告内容主要包括:实验目的与方法、所需条件、步骤、求算的中间数据、绿地面积百分比及道路结果、对该求算方法的感受和操作中遇到的问题,以及将来可能在环境工作中的应用等。

在 ArcGIS 中

表 11-1 遥感影像图矢量化操作(1):产业园绿地矢量化案例练习

"GIS 原理及应用"上机实验报告			
姓名	学号	上机日期	报告成绩

报告内容:遥感影像图矢量化操作(1):产业园绿地矢量化案例练习

实验目的:
利用 ArcMap 求算光电产业园绿地百分比和道路长度。

实验方法:
通过多边形工具,先勾绘产业园内绿地范围,求出公园绿地面积和公园总面积,即可求出绿地百分比。利用 ArcMap 折线工具绘出公园道路,然后自动求出它们的长度。

所需条件:
光电产业园的遥感影像,确定三个控制点。

步骤:
一、对绿地面积的求算
1. 将卫星遥感影像在 ArcMap 中打开,并进行坐标配准。影像上 3 个控制点的坐标分别为:龙东村(620479.74,2730778.47);洪溪村(624080.45,2730971.32);西炉村(620829.65,2728556.22)。
2. 分析图上哪些属于绿地和非绿地,并确定它们之间的分界线。影像上其实还可进一步区分出乔灌木与草坪。
3. 新建图层,通过多边形工具,先勾绘公园内绿地范围,求出各块绿地面积并累加算总绿地面积。也可先勾绘非绿地范围(包括水泥地面、道路、建设工地及水池)。
4. 勾绘出公园的总范围并求出面积。
5. 根据"绿地面积百分比=绿地面积/总土地面积"或者"绿地面积百分比=(总土地面积-非绿地面积)/总土地面积",产业园绿地百分比便可求出。

二、对公园道路长度的求算
创建新图(命名为园区道路),利用绘制工具在图层上勾绘产业园内道路,并求出各段长度和道路总长度。
自动求算道路总长度的方法:
1. 在"园区道路"图层的属性表里新增一列,名为"Length",格式为 double。
2. 求各段道路的长度:选中属性表的"Length"数据列,点击鼠标右键,选择"Calculate Geometry",并进行相应的设置。
3. 求产业园道路总长度:选中属性表的"Length"数据列,点击鼠标右键,选择"Statistics"。
4. 添加"求总长度"的数据结果,并进行数据查看。
中间数据、绿地面积百分比及道路结果:
对该求算方法的感受和操作中遇到的问题:

> 用该方法求算出来的面积和长度虽然和实际值有点出入，但对于要求不高的用途还是可以的，而且这样计算节省了大量的人力和财力，不失为一个好办法。
> 在操作中主要是对绿地面积即道路的勾画上存在问题。由于遥感影像不是太清楚，在有些地方很难判断是否是绿地还是道路。这给计算的精确度带来影响。
> 将来可能在环境工作中的应用：
> 在将来的环境工作中，我们有可能要计算某个地区或城市的绿地面积，这样一个工作量是相当大的，同样在计算一个地区的道路总长度时也存在这样的问题。在相对精度要求不太高的情况下我们可以用此方法解决问题。此外，在环评工作中，环评工作者可以通过此方法来察看项目建筑地点的面积及它的道路交通情况等问题。所以，利用 ArcMap 我们可以很方便地处理许多问题。

在 MapInfo 中

表 11-2 遥感影像图矢量化操作（2）产业园绿地矢量化案例练习

"GIS 原理及应用"上机实验报告			
姓名	学号	上机日期	报告成绩

报告内容：遥感影像图矢量化操作（2）产业园绿地矢量化案例练习
实验目的：
利用 MapInfo 求算光电产业园绿地百分比和道路长度。
实验方法：
通过多边形工具，先勾绘产业园内绿地范围，求出公园绿地面积和公园总面积，即可求出绿地百分比。利用 MapInfo 折线工具绘出公园道路，然后自动求出它们的长度。
所需条件：
光电产业园的遥感影像，确定三个控制点。
步骤：
一、对绿地面积的求算
1. 将卫星遥感影像在 MapInfo 中打开，并进行坐标配准。影像上 3 个控制点的坐标分别为：龙东村（620479.74，2730778.47）、洪溪村（620480.45，2730971.32）、西炉村（620829.65，2728556.22）。
2. 分析图上哪些属于绿地和非绿地，并确定它们之间的分界线。影像上其实还可进一步区分出乔灌木与草坪。
3. 通过多边形工具，先勾绘公园内绿地范围，求出各块绿地面积并累加算总绿地面积。也可先勾绘非绿地范围（包括水泥地面、道路、建设工地及水池）。
4. 勾绘出公园的总范围并求出面积。
5. 将前两数据相减即可获得另一类地面的面积，公园绿地百分比便可求出。
二、对公园道路长度的求算
1. 先将临时图层上的道路线条保存为正式图层。
2. 从菜单栏 Query 中找到 SQL Select。
3. 填入选择条件，可求出各端道路的长度。

续　表

4. 对上一步结果求和,便可获得公园道路总长度。 　　中间数据、绿地面积百分比及道路结果: 对该求算方法的感受和操作中遇到的问题: 　　用该方法求算出来的面积和长度虽然和实际值有点出入,但对于要求不高的用途还是可以的,而且这样计算还节省了大量的人力和财力,不失为一个好办法。在操作中主要是对绿地面积及道路的勾画上存在问题。由于遥感影像不是太清楚,在有些地方很难判断是否是绿地还是道路,这对计算的精确度带来影响。 将来可能在环境工作中的应用: 　　在将来的环境工作中,我们有可能要计算某个地区或城市的绿地面积,这样一个工作量是相当大的,同样在计算一个地区的道路总长度时也存在这样的问题。在相对精度要求不太高的情况下我们可以用此方法解决问题,此外在环境影响评价工作中,环评工作者可以通过此方法来察看项目建筑地点的面积及它的道路交通情况等问题。所以利用 MapInfo 可以很方便地处理许多问题。

三、复习要点

(1) 熟悉遥感影像图矢量化操作,能够熟练将需要的图像进行矢量提取。

(2) 掌握公园绿地面积和道路长度的计算。

(3) 初步了解条件查询的运用。

实验十二　条件查询初级篇

一、实验目的

掌握条件查询与分析：利用两个图层进行条件查询与分析，并且掌握缓冲区的创建与分析。

二、实验内容

在 ArcGIS 中的操作

（一）条件查询与分析

1. 求与线相交的多边形

利用世界政区图（WORLD.shp）和世界经纬网图（GRID15.shp）数据查询通过北纬 15 度的国家。

方法：

（1）打开两个图层，并查看经纬网图层的属性含义。

（2）从 Grid15 中选择北纬 15 度的线条，生成一个独立的 shp 文件，选中的要素将被复制并存储在这个文件里："ArcToolbox"—"Analysis Tools"—"Extract"—"Select"，出现"Select"对话框（图 12-1）。在"Select"对话框中进行设置：在"Input Features"选择框中选择"Grid15"（表示要从 Grid15 图层中选择要素）；"Output Feature Class"选择框中点击"📁"，设置选择结果所要存放的位置；点击"🔲"，随后出现"Query Builder"对话框（图 12-2），在对话框中设置""Name" = '15? N'"的条件。具体操作：① 选中""Name""后，点击"Get Unique Values"按钮，该按钮上方的对话框将显示 Grid15 图层"Name"属性列的所有值。② 依次双击""Name""、"="、'15? N'，将会在 SQL 语句框中出现 SQL 语句""Name" = '15? N'"。

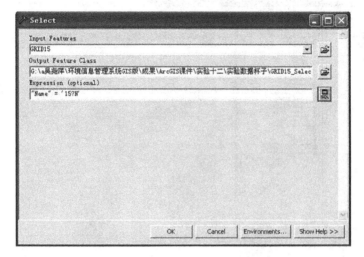

图 12-1 在 Select 对话框进行要素的选择

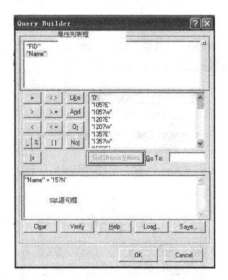

图 12-2 在"Query Builder"对话框中进行条件语句的设置

最终显示结果如图 12-3 所示。

注意：

使用"ArcToolbox"的"Select"工具后，将生成一个独立的 shp 文件，被选中的要素将被复制并存储在这个 shp 文件里，不同于菜单栏里的"Selection"仅仅是选中图层中所需的要素。

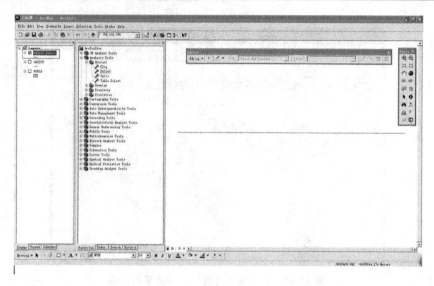

图 12-3　从 Grid15 图层中选择北纬 15 度线条的结果图

（3）从 World 表中选择北纬 15 度穿过的国家：点击菜单栏上的"Selection"—"Select by Location"，出现"Select by Location"对话框，按图 12-4 进行设置。查询结果如图 12-5 所示。

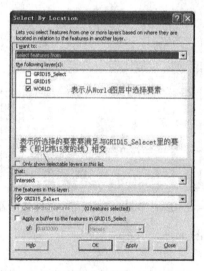

图 12-4　从 World 图层中选择与北纬 15 度线相交的要素

注意：此操作仅选择 World 图层里的要素，未生成新的 shp 文件。

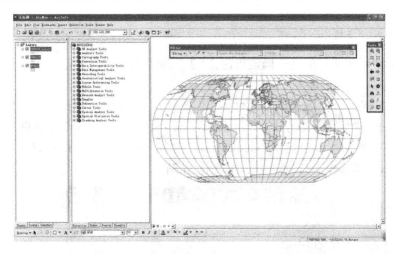

图 12-5　ArcGIS 查询结果：北纬 15 度穿过的国家

以后可以用同样的方法查询某条河流流经或者某条公路穿过的行政区域。

2. 选择位于东半球的所有国家

基本操作与查询"通过北纬 15 度国家"的操作相似，只是第二步选择出所有位于东半球经线的 SQL 语句为："Name" LIKE '％E'。结果如图 12-6 所示。说明："％"的作用为通配符，代表任意字符。

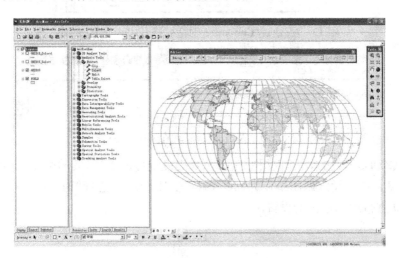

图 12-6　ArcGIS 东半球国家选择结果

自己再尝试查出位于南半球的国家（注意：X>0 为北半球）。

（二）创建缓冲区

缓冲区用途一般在于确定点污染（工厂噪音）的影响范围、线（河流、排污管）污染的影响范围等。

（1）调出"Buffer Wizard"工具：菜单栏上"Tools"—"Customize"，出现"Customize"对话框，选择"Commands"标签，在"Categorie"内容框中选择"Tools"，并在左边相应的"Commands"内容框中选中"Buffer Wizard"（图12-7），将其拖曳至任意一个工具条上（如图12-8所示）。

图12-7　通过"Customize"对话框调出"Buffer Wizard"

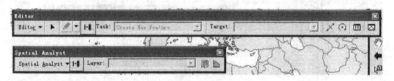

图12-8　调出的"Buffer Wizard"工具条

（2）Buffer操作：建立缓冲区必须要先设定地图单位，实验数据无空间参考信息。首先设定地图单位为meters，右击"Layers"，选择"Properties"，如图12-9进行地图单位的设置。

图 12-9　设置地图单位为"meters"

在世界地图上,通过"Tools"工具条上的 选中一个多边形,点击"Buffer Wizard",如图 12-10 至图 12-12 进行设置,最终结果如图 12-13 所示。

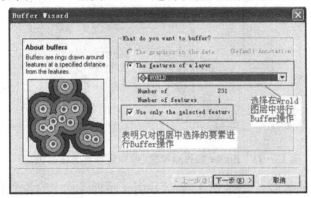

图 12-10　选择 Buffer 操作的对象

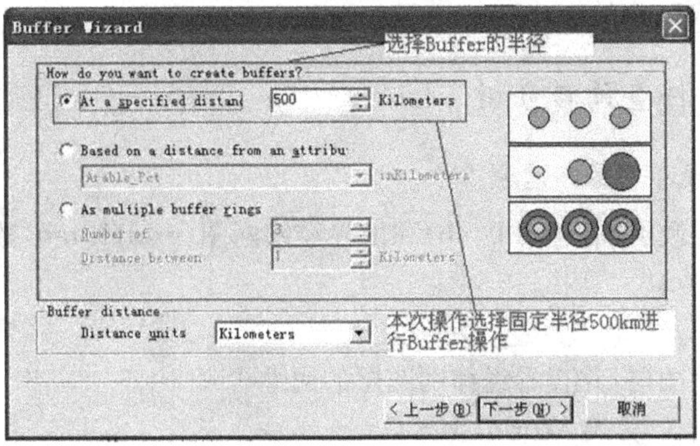

图 12-11　选择 Buffer 的半径(R=500km)

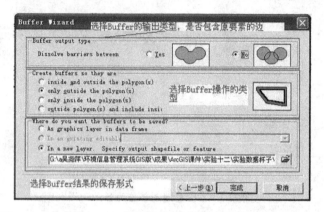

图 12-12　选择 Buffer 的输出类型、操作类型、保存结果的形式

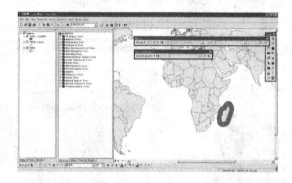

图 12-13　Buffer 操作结果图（缓冲区可视为该国领海）

思考：尝试图 12-10 至图 12-12 Buffer 系列操作中的各个选项，看看结果如何？

在 MapInfo 中的操作

（一）条件查询与分析

1. 求与线相交的多边形

利用世界政区图（world.tab）和世界经纬网图（grid15.tab）数据查询通过北纬 15°的国家。

方法：

打开两个图层，并查看经纬网图层的属性含义。

选择列　＊从表 World，Grid15

条件　World.Obj Intersects Grid15.Obj And Grid15.Name = "15_N"

(注意:N 前有一个空格)

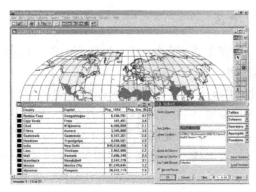

图 12-14　MapInfo 查询结果

确定

查看有哪些国家满足查询条件。

以后可以用同样的方法查询某条河流流经或者某条公路穿过的行政区域。

2. 选择出位于东半球(位于东经范围)的所有国家

打开 word 图层进行如下条件设置(思考:为什么?),并由属性表查看有多少国家与地区被选中。

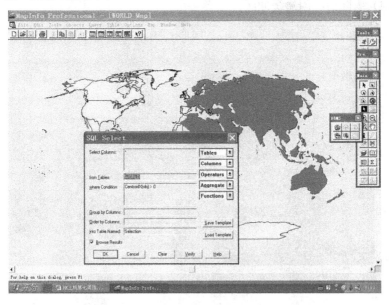

图 12-15　MapInfo 东半球国家选择结果

自己再实验查出位于南半球的国家(注意:X>0 为北半球)。

(二) 创建缓冲区

缓冲区用途一般在于确定点污染(工厂噪音)的影响范围,线(河流、排污管)污染的影响范围等。

在世界地图上,用绘图工具任意绘制一个多边形(可直接以某一个国家来试验)、折线和点状符号,然后选中这个图形对象,选对象—缓冲区(buffer)(适当设置缓冲区半径,在世界地图上可设为 500 km)。点击确定后,就会看到缓冲区自动出现。若选择一个国家来建缓冲区(缓冲半径可看成是该国的领海)。

三、复习要点

(1) 了解如何输入查询条件,下面几个运算符很关键,需要很好地掌握:like、within、contains、intersects。

(2) 对于自己不太熟悉的运算符,可参考 MapInfo 中的帮助选项并自己加以实践。

(3) 了解条件查询的一般步骤,熟悉多个语句输入和语句之间的关联词。

(4) 掌握如何创建缓冲区。

实验十三 条件查询提高篇

一、实验目的

熟练掌握运用给定信息图进行信息查询与录入。

二、实验内容

在 ArcGIS 中的操作

（一）熟悉查询的基本操作

(1) 打开"江苏地区界.shp"（图 13-1）。

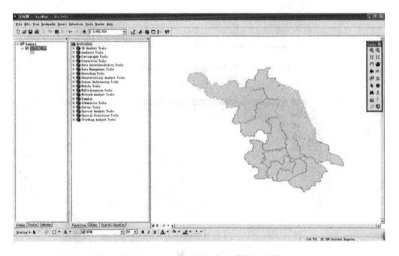

图 13-1　ArcGIS 中江苏地区界

(2) 使用信息查询按钮 ⓘ，点击市所在的范围，查询各个市的基本情况。

(3) 使用 Selection 对面积大于等于 1.0 万平方千米的城市进行选择。

步骤 1：选择要素。点击菜单栏"Selection"—"Select By Attributes"，按照图 13-2 进行填写。注意：图 13-2 的表达式"AREA"和">="是通过上面的属性列表、运算符按钮选项选择得出的。点击确定后，得到结果（图 13-3）。

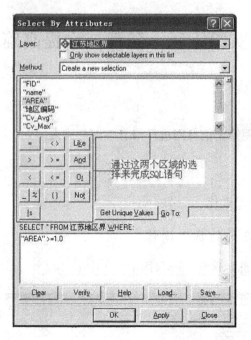

图 13-2 "Select By Attributes"对话框

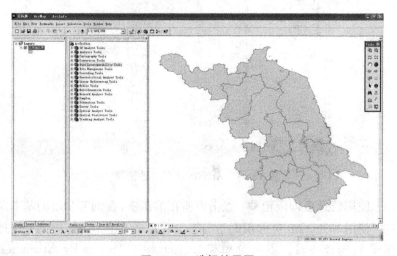

图 13-3 选择结果图

步骤 2:查看选中要素的属性表。在左边内容对话框中选择"江苏地区界"图层,点击鼠标右键,在出现的对话框中选择"Selection"—"Open Table

Showing Selected Features",操作可见图 13-4,最后结果见图 13-5。

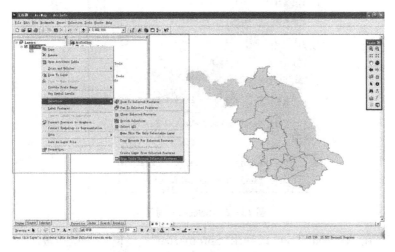

图 13-4 查看所选要素属性的操作

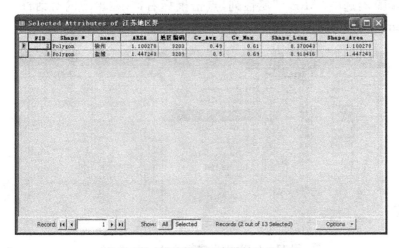

图 13-5 查看所选要素属性的结果图

(4) 操作 Selection 对话框

在左边内容对话框中选择"江苏地区界"图层,点击鼠标右键,在出现的对话框中选择"Selection",在 "Selection"对话框(图 13-6)中点击"Clear Selected Featrues"、"Select All"、"Switch Selection"(这个操作实现的功能是对前一步已经选择的对象进行反选)的操作,看看有什么结果?

图 13 - 6 Selection 对话框

（5）在 ArcMap 中，可以利用"Summarize"统计同一面积的城市。

步骤 1：打开"江苏地区界. shp"的属性表。

步骤 2：选中"AREA"属性列，点击鼠标右键，在出现的对话框中选择"Summarize"，如图 13 - 7。

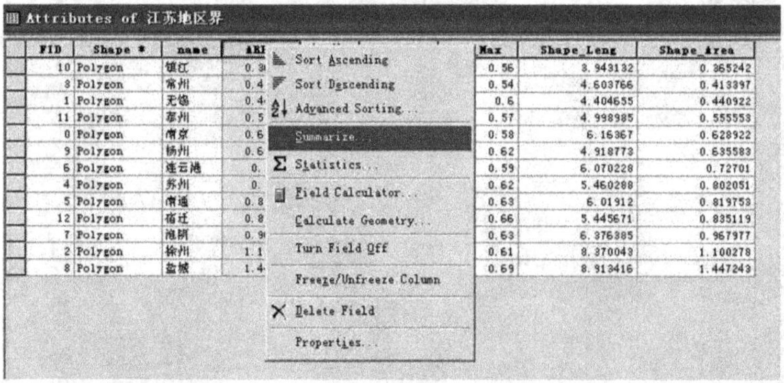

图 13 - 7 ArcGIS 进行 Summarize 操作

步骤 3：在出现的 Summarize 对话框中进行设置（图 13 - 8），点击"OK"，并在随后出现的"是否将结果加载入 ArcMap"的对话框中点击 Yes（注：本例子中江苏省 13 个地级市面积肯定是不一样的，所以 Summarize 的结果肯定也是 13 行，如果统计的是其他字段，则会有不同的结果。比如某个矢量图图层中包括了江苏省所有的镇，而每个镇的属性表中有一字段说明它从属哪个地级市，还有一个字段说明该镇的人口是多少，如果要求算江苏省 13 个地级市各自的总人口,则可以用 Summarize 的功能来汇总),结果见图 13-9。

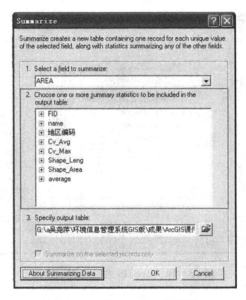

图 13-8 "Summarize"对话框

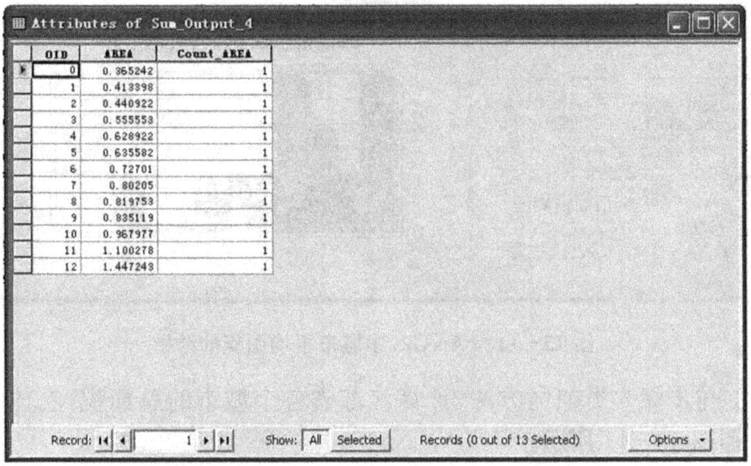

图 13-9 ArcGIS 对同一面积的城市统计结果

思考:Summarize 对话框中的每个选择框的含义。

(6) 求算江苏省各城市面积的均值

选中"AREA"属性列,点击鼠标右键,在出现的对话框中选择"Statistics"

(图 13-10)。最终结果如图 13-11 所示。

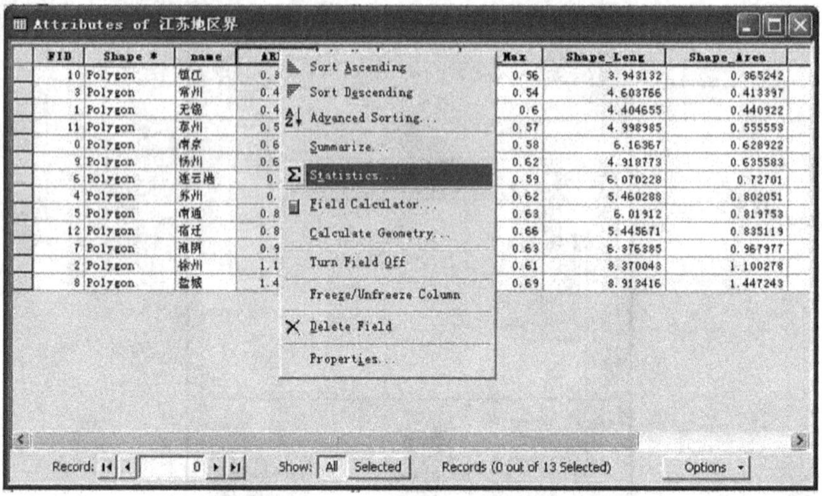

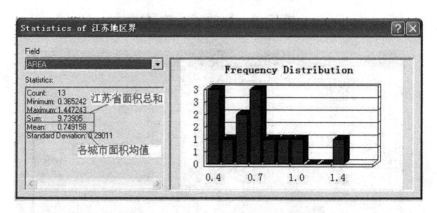

图 13-10　ArcGIS 求平均面积操作

图 13-11　ArcGIS 中城市平均面积的结果

(7) 与步骤 6 类似的方法,计算江苏省各个城市的总面积,具体参见图 13-10 和图 13-11 所示。

(8) 利用"SQL 查询"查询 cv_avg=0.49 的城市。参见(3)使用"Selcetion"对面积大于等于 0.49 的城市进行选择。结果见图 13-12。

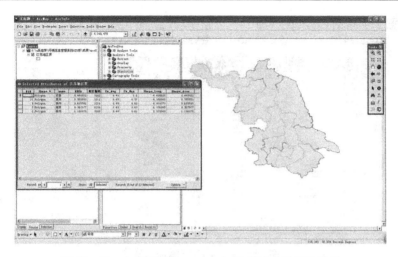

图 13-12　ArcGIS 中 cv_avg=0.49 的城市的查询结果

(二) 熟练掌握查询信息的输入

(1) 关闭之前的操作,打开"湖泊水库.shp"(图 13-13)。

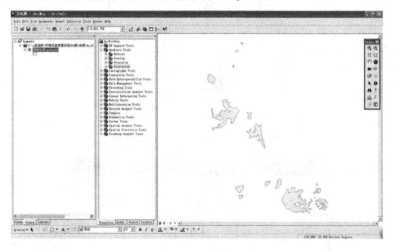

图 13-13　ArcGIS 中湖泊水库

(2) 增加属性列

打开湖泊水库图的属性表。在出现的"Attributes of 湖泊水库"对话框中,点击"Options"按钮,在出现的对话框中选择"Add Field",如图 13-14。按图 13-15 进行输入,添加"总氮"指标。用"Tools"工具条上的查询键 ❶ 点击任意一个湖泊,会发现增加了一个新字段"总氮",见图 13-16。

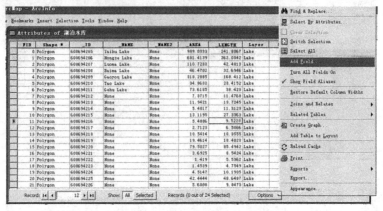

图 13-14　ArcGIS 添加列操作

图 13-15　ArcGIS 添加总氮字段

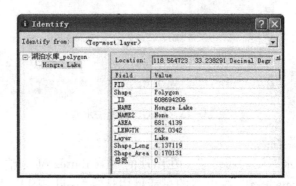

图 13-16　ArcGIS 新字段"总氮"的属性表信息

(3) 在属性表里,查询到湖泊名字为"洪泽湖"、"高邮湖"、"太湖"的记录,然后在总氮字段中输入数据,分别为:300.56,280.45,250.77。提示:先使图层处于可编辑状态,再通过"Selection"操作找到湖泊位置。

(4) 查看所有结果(图 13-17)

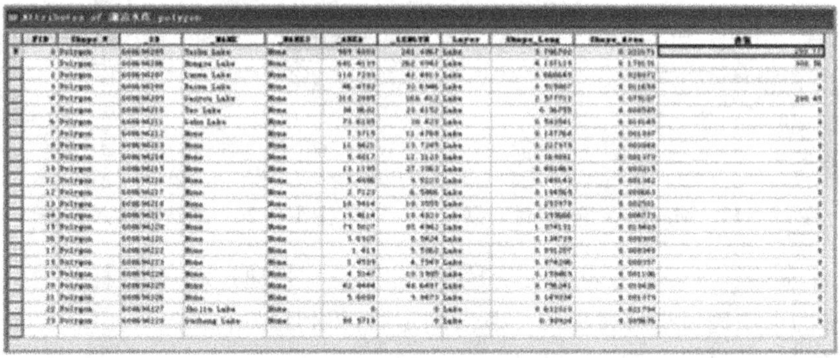

图 13-17 ArcGIS 信息输入结果

在 MapInfo 中的操作

(一)熟悉查询的基本操作

(1) 打开"江苏地区界.tab",见图 13-18。

图 13-18 MapInfo 中江苏地区界

(2) 使用信息查询按钮,点击市所在的范围,查询各个市的基本情况。

(3) 使用"选择"对面积大于等于 1.0 的城市进行选择。点击菜单栏"查询"→"选择",如图 13-19 进行选择,其中,"满足条件"一栏中,点击"辅助"模块。打开后,按照图 13-20 进行填写。

图 13-19　MapInfo"选择"对话框

图 13-20　表达式输入方法

注意:图 13-20 的表达式"AREA"和">="是通过对右边"柱状"、"操作数"中的选项进行选择得出的。点击确定后,得到结果:

徐州　　1.10028　　3203　　0.49　　0.61
盐城　　1.44724　　3209　　0.50　　0.69

(4) 在"查询"的下拉菜单中尝试点击"全部选中"、"反选"、"撤销全选"的操作,看看有什么结果。

(5) 在"查询"的下拉菜单中,可以发现"SQL 查询"选项,对于比较复杂的查询,一般应用"SQL 查询"处理。将江苏省各个城市的面积展现出来,并对同一面积的城市进行统计。步骤见图 13-21,结果见图 13-22。在图 13-21 中,"选择列"表示查询结束后出现的结果所包含的列;在"柱状"中选择"AREA",在"聚合"中选择"Count",表示最后的结果是出现面积和相同面积的统计数。在"按列分组"中选择"AREA",表示按照"面积"来分组。

图 13-21　MapInfo 中 SQL 查询统计面积相同的城市

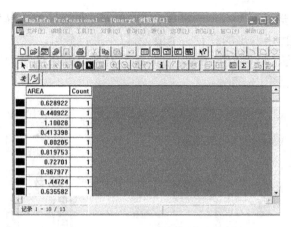

图 13-22　MapInfo 面积统计结果

(6) 求算江苏省各城市面积的均值。步骤见图 13-23，结果见图 13-24。

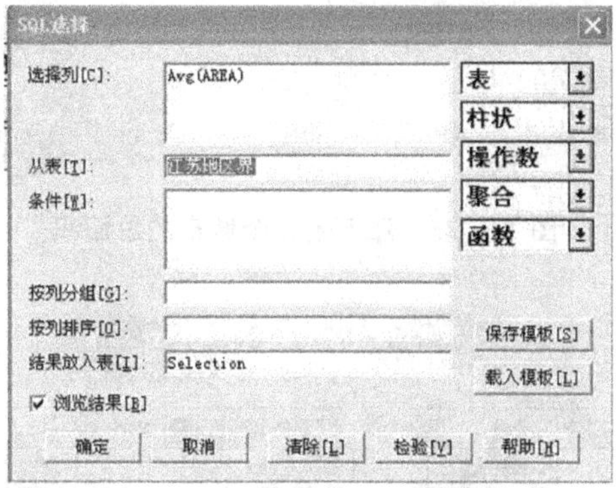

图 13-23　MapInfo 求平均面积

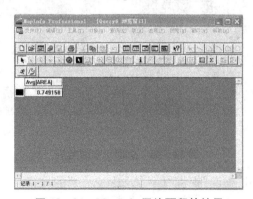

图 13-24　MapInfo 平均面积的结果

注意：在"选择列"中，先选定聚合是"Avg"，在括号中选择填入"柱状"中的"AREA"。由于输出的只有一个值，所以不进行分组。

（7）与步骤（6）类似的方法，计算江苏省各个城市的总面积。步骤见图 13-25，结果见图 13-26。

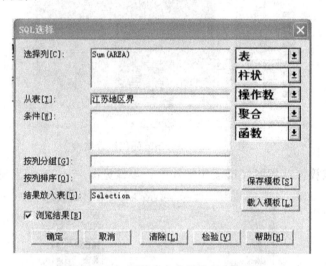

图 13-25 江苏省各个城市的总面积

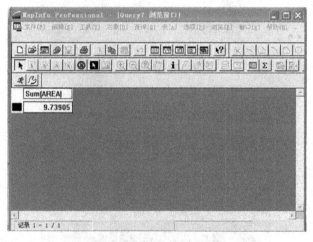

图 13-26 总面积求算结果

（8）利用"SQL 查询"查询"Cv_Avg=0.49"的城市。步骤见图 13-27，结果见图 13-28。

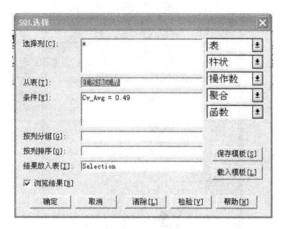

图 13-27　查询"Cv_Avg=0.49"的城市

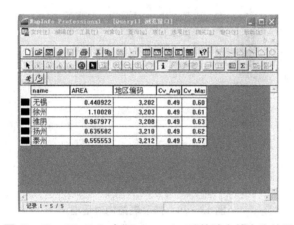

图 13-28　MapInfo 中"CvAvg=0.49"的城市的查询结果

（二）熟练掌握查询信息的输入

(1) 关闭之前的操作，打开"简单水库.tab"，见图 13-29。

(2) 输入"洪泽湖"、"高邮湖"、"太湖"的水质监测数据。

提示：先通过工具栏上的查询键找到这三个湖泊的位置。然后在菜单栏上找到"表"→"维护"→"表结构"，点击打开"查看/修改表结构"对话框，选择"湖泊水库"，点击"确定"，弹出图 13-30。

(3) 点击"增加字段"，弹出对话框见图 13-31。

图 13-29　湖泊水库图

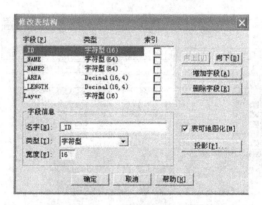

图 13-30　修改表结构对话框

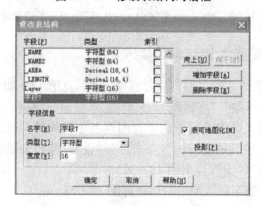

图 13-31　MapInfo 增加字段对话框

(4) 按照图 13-32 进行输入，添加"总氮"这个水质指标。

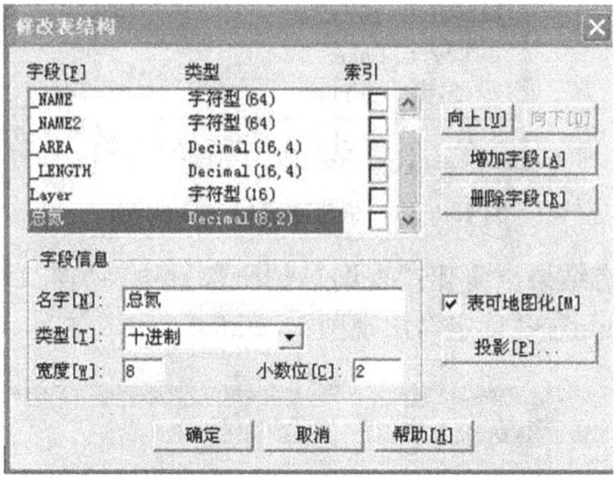

图 13-32 MapInfo 添加总氮字段

(5) 点击"确定"，此时表明"湖泊水库"表的表结构已经被修改了，所以会自动关闭。进行"文件"→"打开"→"湖泊水库"操作，用工具栏上的查询键点击任意一个湖泊，会发现增加了一个新的字段"总氮"，见图 13-33。

图 13-33 MapInfo 增加了"总氮"字段的属性表信息

(6) 输入"洪泽湖"、"高邮湖"、"太湖"的总氮的数据。分别为：300.56，280.45，250.77。选择工具栏中"查询"按钮，击中"洪泽湖"，弹出图 13-33，之后进行图 13-34、图 13-35 的操作，之后关闭"信息工具"。"高邮湖"、"太湖"的操作同"洪泽湖"。

图 13-34 总氮字段数值信息清除

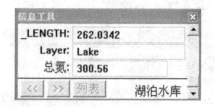

图 13-35　总氮字段输入 300.56

(7) 查看所有结果。步骤:“查询”→“全部选中”;“窗口”→“新建浏览窗口”,选择“Selection”→“确定”,出现图 13-36。

_ID	_NAME	_NAME2	_AREA	_LENGTH	Layer	总氮
608694205	Taihu Lake	None	909.0333	241.8367	Lake	250.77
608694206	Hongze Lake	None	681.4139	262.0342	Lake	300.56
608694207	Luoma Lake	None	110.7233	42.4813	Lake	0.00
608694208	Baima Lake	None	46.4702	32.6946	Lake	0.00
608694209	Gaoyou Lake	None	318.2085	168.4120	Lake	280.45
608694210	洮湖	洮湖	34.8632	23.4152	Lake	0.00
608694211	Gehu Lake	None	73.6185	38.4230	Lake	0.00
608694212	None	None	7.3715	11.4768	Lake	0.00
608694213	None	None	11.9421	13.7245	Lake	0.00
608694214	None	None	5.4017	11.3123	Lake	0.00
608694215	None	None	13.1195	27.3363	Lake	0.00

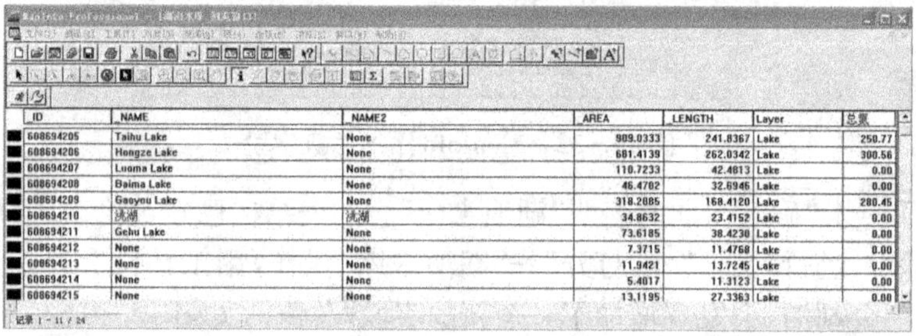

图 13-36　查询的总结果

三、复习要点

(1) 学会统计面域形状中包含的点个数、统计这些点某些字段的平均值、最大值、最小值、总和等信息。

(2) 学会生成空间点图的操作,并会查询出需要的点,改变点的外观标注等。

(3) 全面熟悉查询的基本操作和查询信息的输入。

(4) 在 ArcGIS 中,尝试统计选择要素的个数以及某些字段的平均值、最大值、最小值、总和等信息。

(5) 在 ArcGIS 中,了解“Summarize”操作与“Statistics”操作的作用以及区别,掌握其应用。

(6) 在 MapInfo 中,学会生成空间点图的操作,并会查询出需要的点改变点的外观标注等。

实验十四　规范出图的基本操作

一、实验目的

学习并掌握规范出图的基本操作,为专题图制作与分析奠定基础。

二、实验内容

在 ArcGIS 中的操作

对于已经制作完成的图像,要想把它作为规范的专题地图输出,必须按照以下步骤(以 world.shp 为例):

1. 切换视图

加载 world.shp 图层后,点击菜单栏上"View"—"Layout View",将视图切换到出图视图。

2. 页面调整

调到出图视图后,在空白处点击鼠标右键,在出现的对话框中选择"Page and Print Setup"(图 14-11),对出现的对话框按图 14-2 进行设置。

图 14-1　页面调整操作(1)

图 14-2　ArcGIS 页面调整操作(2)

3. 输出地图显示比例尺调整

选中地图,在虚线框上点击鼠标右键,在出现的对话框中选择"Properties"(图 14-3),调出"Data Frame Properties"对话框。按图 14-4 对该对话框进行设置。

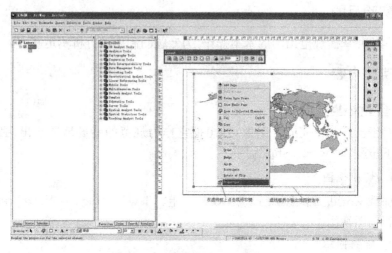

图 14-3 调整输出地图显示比例(1)

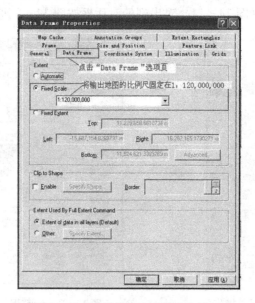

图 14-4 调整输出地图显示比例(2)

比例尺设置完毕后,在布局窗口中利用光标将图像调整至页面适当位置,并调整图像大小,以使图像能有美观的出图效果。

注意:调出"Data Frame Properties"对话框的另一种方法是在左侧内容对话框中选择 Layers ,点击鼠标右键,在出现的对话框中选择"Properties"。

4. 地图图例的添加

点击菜单栏上"Insert"—"Legend",在出现的"Legend Wizard"对话框如图14-5和图14-6所示进行设置,插入地图图例,并进行调整,结果见图14-7。

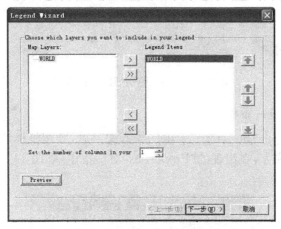

图 14-5 "Legend Wizard"对话框

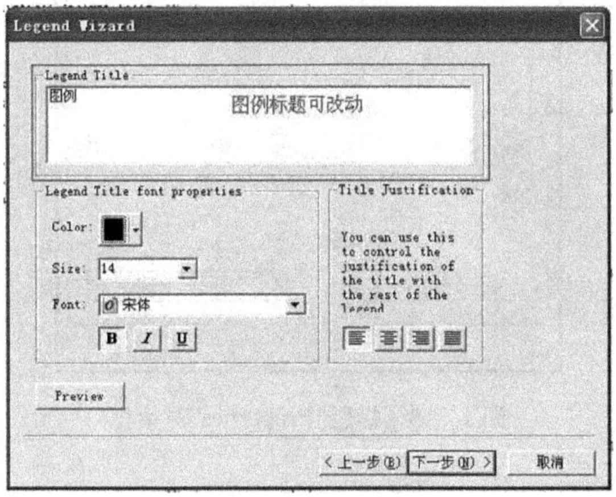

图 14-6 图例设置

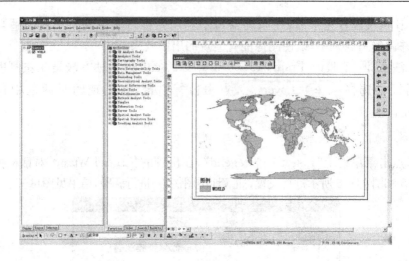

图 14-7　插入图例后的世界地图

5. 地图标题的添加

在菜单栏点击"Insert"—"Title",输入文字后,利用鼠标调整至合适的位置。可以双击文字,在出现的"Properties"对话框中(如图 14-8)进行文字格式的修改。

图 14-8　标题"Properties"对话框

6. 添加指北针

在菜单栏中点击"Insert"—"North Arrow",在出现的"North Arrow Selector"对话框中选择指北针样式,确定后即可插入指北针。

7. 添加比例尺

在菜单栏中点击"Insert"—"Scale Bar",在出现的"Scale Bar Selector"中选择比例尺样式后,即可插入比例尺。双击插入的比例尺,在出现的"Scale Line Properties"对话框中可进行比例尺的调整。

注:试着自己摸索下"Scale Line Properties"对话框中各选项的含义。

图 14-9　在出图视图中增加指北针和比例尺

8. 添加其他出图信息

有些出图需要添加风玫瑰图或者注明由"XX 单位完成"或"XX 个人完成"等信息。

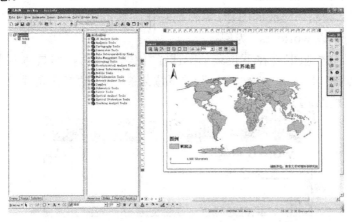

图 14-10　ArcGIS 添加完有用信息后的出图视图

对于已经规范处理好的地图,点击菜单栏"File"—"Export Map",选择需要的图像格式并输入图像名称,将出图分辨率调为300dpi,完成出图。

图 14-11　ArcGIS 最终的出图效果

9. 规范出图总结

要求有指北针、比例尺、图例以及注明出图人,如"此图由某某完成",出图分辨率调为300dpi,A4纸张纵排或者横排,主题图所处 A4 纸的位置与大小要适中、对称,不要留太多空白或者显得太满,颜色等样式调整要美观,要做适当标注。

在 MapInof 中的操作

对于已经制作完成的图像,要想把它作为规范的专题地图输出,必须按照以下步骤(以 world. tab 为例):

(1) 点击"地图"并在下拉菜单中选择"创建图例",按照具体要求设置图例完毕,如图 14-12。点击"窗口",在下拉菜单中选择"新建布局窗口",出现图 14-13 画面。

图 14-12　MapInfo 创建图例

第二部分　地理信息系统实验 · 137 ·

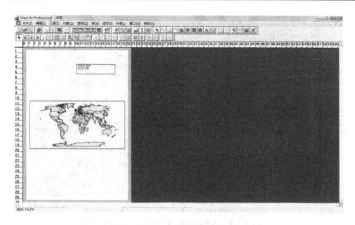

图 14-13　新建布局窗口

（2）点击"文件"，在下拉菜单中选择"页面设置"，对专题图页面纸张进行设置，如图 14-14，可选择纸张方向为横向。

图 14-14　MapInfo 页面设置

（3）页面设置完毕后，在布局窗口中利用光标将图像和图例调整至页面适当位置，并调整图像大小使得图像出图美观。

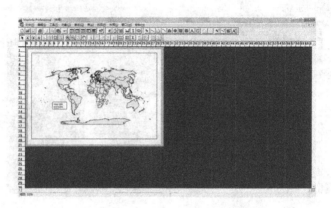

图 14-15 MapInfo 出图布局合理调整

(4) 地图标题的添加。

在绘图工具栏中选择 A ，并在地图上适当位置点击，由此可以输入任意文字，并可以双击文字或单击文字后选择进行 A? 文字格式修改。

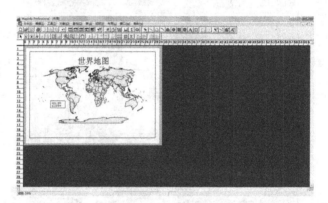

图 14-16 MapInfo 在布局窗口中增加文字操作

(5) 添加指北针、比例尺。

首先在"工具——工具管理器"中装入"指北针"和"比例尺"，然后在"工具"下拉菜单中分别选择"指北针"和"比例尺"选项进行添加，适当调整其大小和位置（图 14-17）。

(6) 添加其他图画信息。

有些出图需要添加风玫瑰图或者注明由"XX 单位完成"或"XX 个人完成"等信息（图 14-18）。

第二部分　地理信息系统实验 · 139 ·

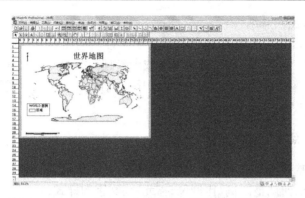

图 14-17　MapInfo 在布局窗口中增加指北针和比例尺

图 14-18　MapInfo 添加完有用信息后的布局窗口

（7）对于已经规范处理好的地图，点击"文件"下拉菜单中的"另存窗口"选项，选择需要的图像格式并输入图像名称，出图分辨率调为 300 dpi，完成出图。

图 14-19　MapInfo 最后出图

(8) 规范出图总结。

要求有指北针、比例尺、图例以及注明是谁出的图如"此图由某某完成"，出图分辨率调为 300 dpi，A4 纸张纵排或者横排。主题图所处 A4 纸的位置与大小要适中对称，不要留太多空白或者显得太满。颜色等样式调整要美观，要做适当标注。

三、复习要点

1. 熟悉掌握如何规范出图，如何添加图例、比例尺、指北针？
2. 掌握如何调整图例、比例尺、指北针、文字的样式？
3. 学会如何使得出图美观，同时能够提供简洁明了的信息。

实验十五 专题图制作与分析(1)

——世界各国 2008 年 CO_2 排放量分布图制作案例

一、实验目的

了解 ArcMap 和 MapInfo 的专题图制作,利用外部数据(Excel 数据),转入 ArcMap 或 MapInfo 并成为 world.shp 或 world.tab 的新属性列,利用范围图制作两幅专题图。

二、实验内容

利用 ArcGIS 制作专题地图

(一)表连接

在进行专题图制作前,要先将外部数据(Excel 数据),转入 ArcMap 并成为 World.shp 的新属性列。此项操作可以利用 ArcMap 的表连接完成。

步骤1:添加"World.shp"、"世界各国 2008 年 CO_2 排放量数据.xls"中的表单1,即 Sheet1。选中左栏的 World 图层,点击鼠标右键,在弹出框中选择"Joins and Relates"—"Join"(图 15-1),出现"Join Data"对话框。

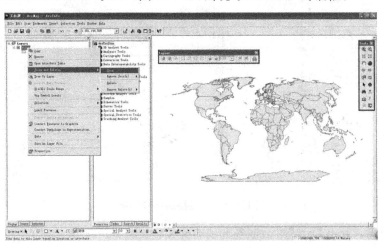

图 15-1 选择"Join"操作

步骤2：按图15-2设置"Join Data"对话框，结果如图15-3。其中，"World.shp"的属性表多了两列属性，这是"世界各国2008年CO_2排放量数据"Sheet1的数据。

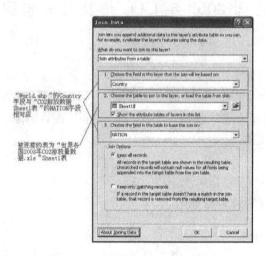

图15-2　设置"Join Data"对话框

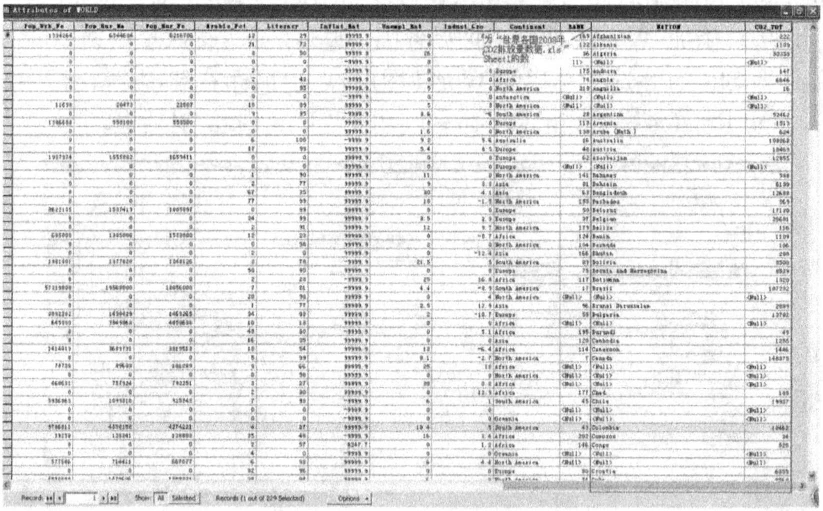

图15-3　表连接的操作结果

思考："Join Data"对话框各选项的含义。

表连接关系还可以被删除，具体步骤为：在左边的内容对话框中，选中

World 图层,点击鼠标右键,在弹出框中选"Joins and Relates"—"Remove Join(S)"—"X"。X 为被连接的表的名称,例如,本次实验为"Sheet1＄"。

小练习

(1) 尝试"Joins and Relates"—"Relate"的功能。
(2) 尝试摸索"Relate"与"Join"的功能区别。

(二)【案例一】

制作世界各国 2008 年 CO_2 排放量分级图。建议分为 5 个等级(图 15-4),自己确定颜色配置。注意:本次实验的"World.shp"数据指的是进行表连接后的"World.shp"新数据。

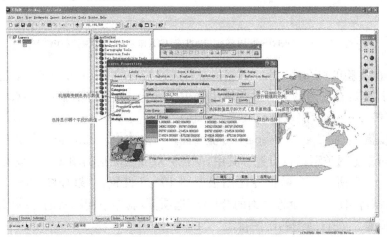

图 15-4　世界各国 2008 年 CO_2 排放量专题图输出设置

步骤 1:在左边的内容对话框中选中 World 图层,点击鼠标右键,在弹出框中选择"Properties",出现"Layer Properties"对话框。

步骤 2:在"Layer Properties"对话框中点击"Symbology"选项卡,随后按图 15-4 进行设置。

步骤 3:进行地图的出图排版(参见实验 14),专题图制作结果如图 15-5。

(三)【案例二】

制作世界各国 2008 年人均 CO_2 排放量分级图。用 CO_2 总量除以各国人口总数,获得人均 CO_2 排放量,然后再做专题图,仍然用范围图,分 5 级。注

图 15-5　ArcGIS 世界各国 2008 年 CO_2 排放量专题图制作结果

意:本次实验的"World. shp"数据指进行表连接后的"World. shp"新数据。

步骤 1:在左边的内容对话框中选中 World 图层,右击鼠标,在弹出框中选择"Properties",出现"Layer Properties"对话框。

步骤 2:在"Layer Properties"对话框中,点击"Symbology"选项卡,再根据不同专题图类型进行设置。其中,颜色分级专题图根据图 15-6 设置,结果如图 15-7 所示。点数据专题图根据图 15-8 设置,结果如图 15-9 所示。注意:试着自己改变设置页面的"Show"选项框,制作不同图案的专题图。

步骤 3:进行地图的出图排版。

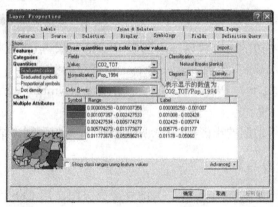

图 15-6　世界各国 2008 年人均 CO_2 排放量专题图输出设置(1)

第二部分 地理信息系统实验 · 145 ·

图 15-7　世界各国 2008 年人均 CO_2 排放量专题图制作结果（1）

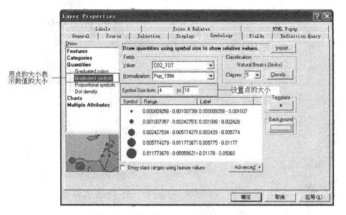

图 15-8　世界各国 2008 年人均 CO_2 排放量专题图输出设置（2）

图 15-9　ArcGIS 世界各国 2008 年人均 CO_2 排放量专题图制作结果（2）

小知识

制作世界各国 2008 年人均 CO_2 排放量分级图，也可以先在 World.shp 里新添一列属性——"人均 CO_2 排放量"，再以"人均 CO_2 排放量"作为字段进行专题图的制作。

添加属性列步骤

（四）【案例三】

制作浙江省人口地区统计分布饼图。

操作方法：

（1）打开 Pref_zhe 图（图 15-10）。在左栏中选中 Pref_zhe 图层，右击鼠标，在弹出框中选择"Properties"，在"Layer Properties"对话框中点选"Symbology"选项卡。

图 15-10　ArcGIS 打开浙江省行政边界图

（2）按图 15-11 进行设置，饼状结果图如图 15-12 所示。

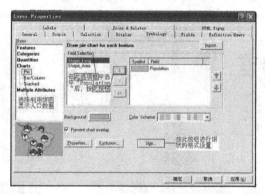

图 15-11　ArcGIS 以人口数据制作饼状专题地图

(3) 对图 15-12 进行规范出图操作,最终得到浙江省人口地区分布饼图。

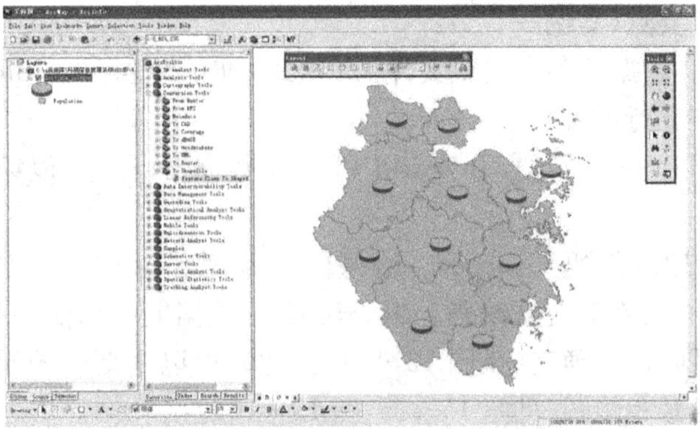

图 15-12　ArcGIS 饼状专题图结果

利用 MapInfo 制作专题地图

(一)【案例一】

世界各国 2008 年 CO_2 排放量分级图。建议分为 5 个等级(如图 15-13),颜色配置由自己确定。

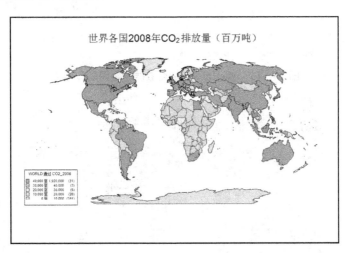

图 15-13　MapInfo 进行颜色分级的世界各国 2008 年 CO_2 排放量专题图制作结果

(二)【案例二】

世界各国 2008 年人均 CO_2 排放量分级图。用 CO_2 总量除以各国人口总数,获得人均 CO_2 排放量,然后再做专题图,仍然用范围图,分 5 级。

操作步骤要点(案例一、二):

(1) Excel 数据转存为文本文件 txt 格式,准备转入 MapInfo。注意表头的处理删除前 3 行再转。

(2) 在 MapInfo 同时打开 world 和 CO_2 数据。(注意:以第一行作为标题)

(3) 进行地理编码 Geocode。给每行 CO_2 赋予地理坐标。先用自动编码,然后再用一次人工交互编码。编码后 CO_2 数据能够以点数据形式显示,点符号样式可以自己确定(见图 15-14)。此时可以用新的图层做柱状专题图或者渐变符号专题图(见图 15-15、图 15-16)。

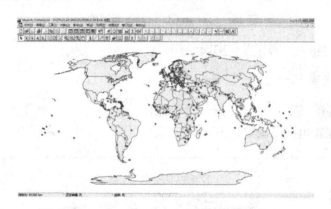

图 15-14　MapInfo CO_2 点数据专题图制作结果

图 15-15　世界各国 2008 年 CO_2 排放量柱状专题图制作结果

图 15-16　渐变符号专题图

(4) 利用包含条件选择(如图 15-17、图 15-18),生成一个既有国家轮廓也有 CO_2 属性数据的新属性表。

图 15-17　包含条件选择示意图 1

图 15-18　包含条件选择示意图 2

(5) 利用条件选择生成的新属性表制作 CO_2 排放量分布图和人均 CO_2

排放量分布图。然后利用属性标注(图 15-19)将每个国家的名称添加在图面。并调出图例。

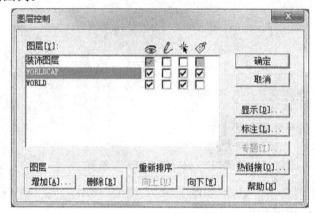

图 15-19　国家名称自动标注

对两幅图进行分析,并写出实验报告。图件不用上传,只交报告。

(三)【案例三】

浙江省人口地区统计分布饼图制作：

(1) 打开 Pref_zhe 图(图 15-20),点击"地图"下拉菜单中的"创建专题地图",选择"饼图"(图 15-21),并点击"下一步"。在对话框(图 15-22)中,添加需要统计的字段,点击"下一步"。在对话框(图 15-23)中可改变统计圆饼的样式,一切设置完毕后点击确定,得到图 15-24。

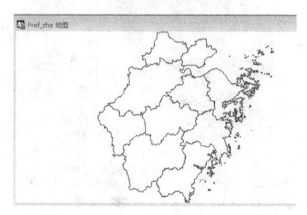

图 15-20　MapInfo 打开浙江省行政边界图

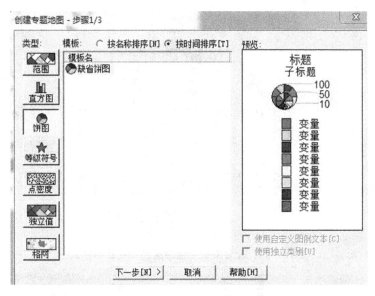

图 15-21　MapInfo 制作饼状专题地图

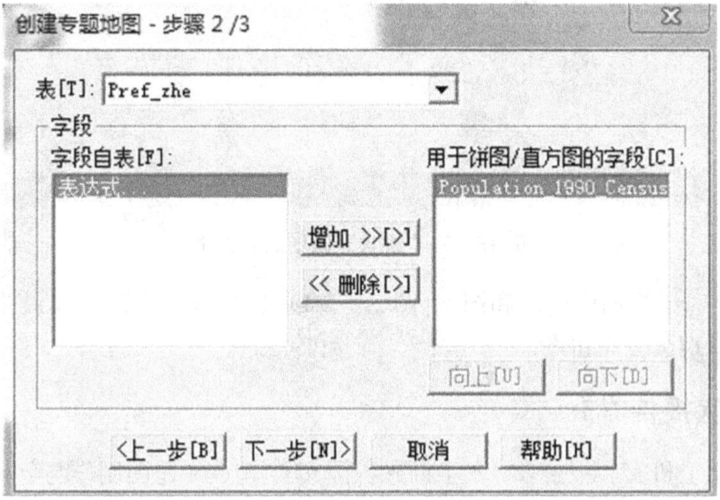

图 15-22　饼状专题地图反映人口字段

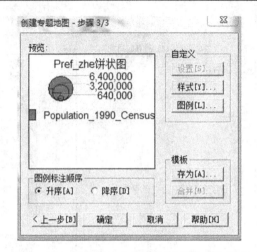

图 15-23　设置饼状专题地图显示格式和样式

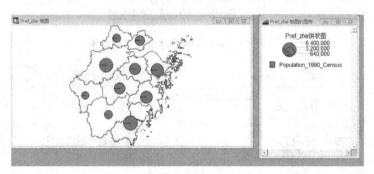

图 15-24　饼状专题图制作结果

（2）对于界面内的图和图例（图 15-24），进行规范出图操作最终得到浙江省人口地区分布饼图。

三、实验报告提交

提交上机实验报告《2008 年世界各国 CO_2 排放专题图制作与分析》。

报告内容包括数据来源，两幅专题图制作过程，以及对专题图所反映信息的解释。例如 CO_2 排放量在世界上的分布特点，哪些区域高或者低，如何看待我国的 CO_2 排放在全球的作用以及相关认识。并考虑 CO_2 数据的 Excel 表现形式与 ArcGIS 或 MapInfo 表现形式在信息分析应用方面有什么不同？为便于分析，可将以上两幅图进行截图保存为 JPG 观看。实验报告具体要求及格式如表 15-1。

表 15-1 2008 年世界各国 CO_2 排放专题图制作与分析课程作业报告

"GIS 原理及应用"上机实验报告			
姓名	学号	上机日期	报告成绩
报告内容：	《2008 年世界各国 CO_2 排放专题图制作与分析》		

四、复习要点

(1) 熟练掌握生成颜色渐变分级图（注意学会自定义分级）、柱状图、饼状图。

(2) 掌握统计图的制作。

(3) 强调规范出图与出图美观。

实验十六 专题图制作与分析(2)
——格网专题图制作案例与城市建设用地扩张分析案例

一、实验目的

进一步掌握 ArcMap 和 MapInfo 的专题图制作,学习制作格网专题图,了解城市建设扩张的分析方法。

二、实验内容

利用 ArcGIS 制作专题地图

(一) TIN 专题图制作

TIN 专题图是用散布于地面的多个采样点的属性数据,例如高程、土壤元素值、水样分析值等,经过插值形成一幅在空间连续的不规则三角网图,并可进一步处理成三维图。

【案例一】山地三维图

1. 山地三维 TIN 数据制作

带有高程属性的矢量数据进行三维显示前,要先进行 TIN 数据的创建。具体步骤如下:

步骤1:加载"pointMAP(即高程点图)"和"遮罩图(即山轮廓图)",如图 16-1 所示。

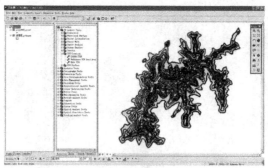

图 16-1 ArcGIS 高程点图与山轮廓图

步骤 2：加载"3D Analyst"工具条。点击菜单栏"Tools"—"Customize"，出现"Customize"对话框，在该对话框的"Toolbars"选项页里勾选"3D Analyst"（图 16-2）。此时，会在界面上出现"3D Analyst"工具条，关闭"Customize"对话框。

图 16-2　在 Customize 对话框的 Toolbars 选项页里勾选"3D Analyst"

步骤 3：点击"3D Analyst"工具条的"3D Analyst"—"Create/Modify TIN"—"Create TIN From Features"（图 16-3），出现"Create TIN From Features"对话框。在弹出框中，按图 16-4 和图 16-5 进行设置。最后结果如图 16-6 所示。

图 16-3　选择"要素创建 TIN"操作

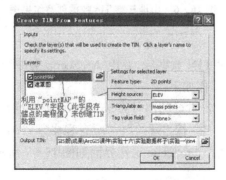

图 16-4　创建 TIN 数据设置（1）

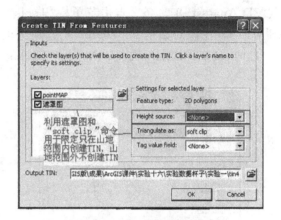

图 16-5　创建 TIN 数据设置（2）

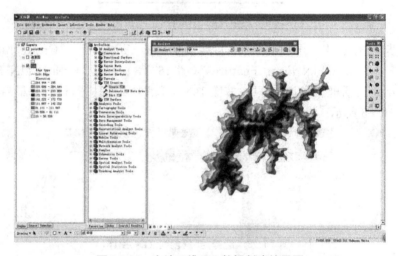

图 16-6　山地三维 Tin 数据创建结果图

2. 制作三维图

由 ArcMap 创建 TIN 数据后，要由 ArcScene 来进行三维显示与三维出图。在 ArcScene 的操作如下：

步骤 1：启动"ArcScene"的两种方法。① 点击"3D Analyst"工具条上的"ArcScene"图标 。② 按"开始"—"所有程序"—"ArcGIS"—"ArcScene"的常规软件启动方法。ArcScene 工作界面如图 16-7 所示。

图 16-7　ArcScene 工作界面

步骤 2：通过工具栏上的 ✦，创建好的 TIN 数据加载进来。结果如图 16-8 所示。

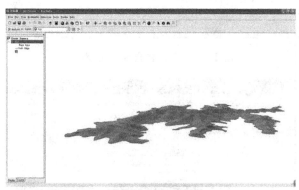

图 16-8　添加进创建的 TIN 数据

步骤 3：进行 TIN 数据显示设置。在最左边对话框中选择"Tin"，点击鼠标右键，在弹出框中选择"Properties"。按图 16-9 至图 16-11 所示，对"Layer Properties"对话框进行设置。

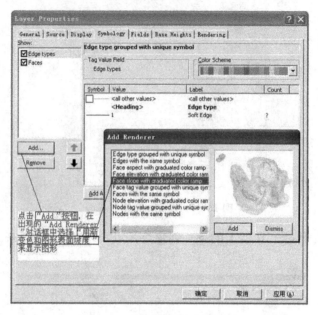

图 16-9　TIN 数据显示设置（1）

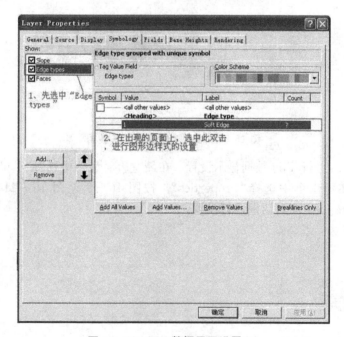

图 16-10　TIN 数据显示设置（2）

图 16 - 11　TIN 数据显示设置(3)

说明:obtain heights for layer from surface 是选择高程地图,Z Unit Conversion 中数字的大小是表示三维立体夸张的程度。

3. 查看并导出三维图

查看三维图:点击工具栏上的"Navigate"工具，用鼠标旋转观看三维图。

导出三维图:利用工具栏上的"Navigate"工具调整好三维图的显示视角后,点击菜单栏上的"File"—"Export Scene"—"2D",对于弹出框按图 16 - 12 进行设置(自行命名),出图即可。最后结果图为图 16 - 13 所示。

最后,将图片插入 word 页面提交。

图 16 - 12　三维图导出设置

图 16-13　ArcGIS 山地三维图

（二）空间插值图制作

【案例二】江苏省水位站分市区空间插值图

利用"江苏省地区界"图以及"江苏水文站"图统计出各市区内水站站数，进行空间插值显示。

1. 统计各市区内水站站数

步骤 1：确定"江苏水文站"站点所属市区。加载"江苏省地区界"图以及"江苏水文站"图（图 16-14）。在"ArcToolbox"里点击"Analysis Tools"—"Overlay"—"Identity"（图 16-15），出现"Identity"对话框，并按图 16-16 进行设置。

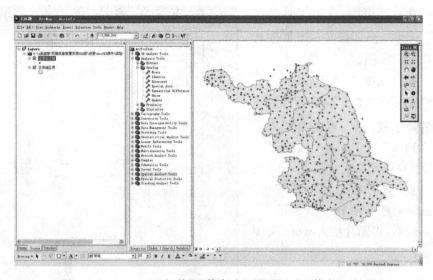

图 16-14　ArcGIS 加载"江苏省地区界"图和"江苏水文站"图

第二部分　地理信息系统实验 · 161 ·

图 16-15　ArcToolbox 中调用"Identity"

图 16-16　Identity 对话框设置

"Identity"命令执行完后会生成一个文件名为"江苏水文站_Identity"(若未在"Identity"对话框中进行名字改动的话),打开"江苏水文站_Identity"的属性表,会发现点后面多了"江苏省地区界"的属性(图 16-17)。

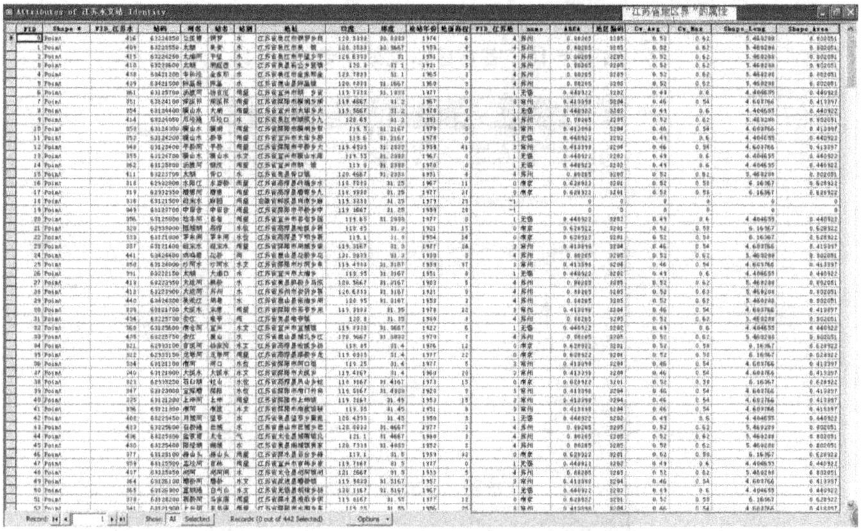

图 16-17　"江苏水文站_Identity"属性表

"Identity"命令的作用在于将"Identity Features"的属性追加到"Input

Features"与"Identity Features"相交部分的属性中。本实验目的是获取"江苏水文站"图的点的所属市区,即将"江苏省地区界"中的"name"属性加到相应的"江苏水文站"的点,因此,本实验的"Identity Features"="江苏省地区界","Input Features"="江苏水文站"。

步骤 2:各市区水文站统计。打开步骤 1 中生成的文件"江苏水文站_Identity"的属性表,选中"name"属性列,点击鼠标右键,在出现的对话框中选择"Summarize"(图 16-18),出现"Summarize"对话框。在该对话框中按图 16-19 进行设置。

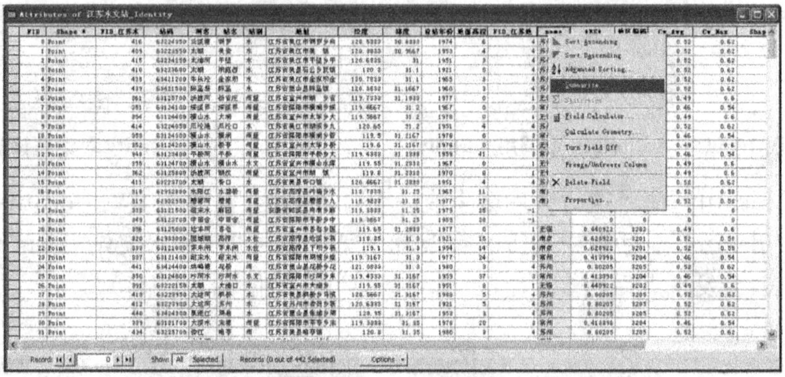

图 16-18　各市区水文站个数统计(1)

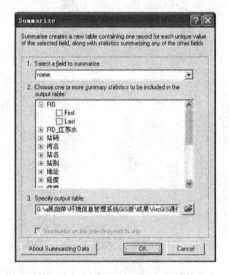

图 16-19　各市区水文站个数统计(2)

"Summarize"操作完成后会单独生成表"Sum_Output",打开"Sum_Output"表,选择里面除了 FID 字段外的其他字段,然后选择"Count"计算功能,结果如图 16-20 所示。

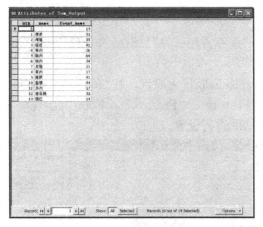

图 16-20 ArcGIS 江苏省各市区水文站统计结果

步骤 3:"江苏省地区界"与"Sum_Output"表连接。在左栏选中"江苏地区界",点击鼠标右键,在弹出框中点击"Joins and Relates"—"Join",出现"Join Data"对话框,按图 16-21 所示进行设置。

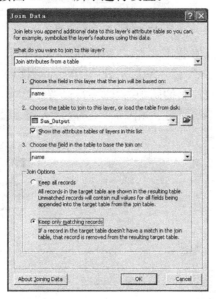

图 16-21 "江苏省地区界"与"Sum_Output"表连接操作

要在"江苏省地区界"里进行水文站数的空间插值,要求"江苏省地区界"属性包含"各市区水文站数",所以,必须进行"江苏省地区界"与江苏省各市区水文站统计结果"Sum_Output"表的连接。

2. 江苏省水位站空间插值

注意:本操作中"江苏省地区界"数据必须是与"Sum_Output"表连接操作过的"江苏省地区界"。

步骤1. 将地区界多边形转化成点。在"ArcToolbox"里点击"Data Management Tools"—"Feature"—"Feature To Point",出现"Feature To Point"对话框,并按图16-22进行设置。

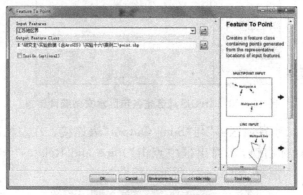

图16-22 图多边形转点

步骤2. 空间插值操作。在"ArcToolbox"里点击"Spatial Analyst Tools"—"Interpolation"—"IDW",出现"IDW"对话框,并按图16-23进行设置。注意设置插值的范围,按图16-24进行设置。

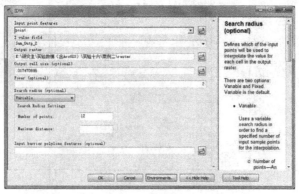

图16-23 空间插值操作(1)

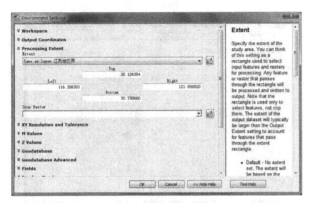

图 16-24 空间插值操作(2)

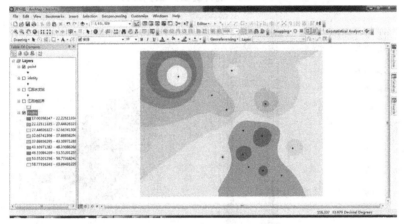

图 16-25 插值结果图

3. 出图操作

本操作以"江苏地区界"作为出图边界,需要进行出图的一系列操作。

步骤 1:裁剪插值图。点击"ArcToolbox"—"Spatial Analyst Tools"—"Extraction"—"Extract by Mask",出现"Extract by Mask"对话框,在"Input raster"框中选择"插值"图(即存储成 Raster 格式的插值图);"Input raster or feature mask data"框选择"江苏地区界"(这是剪切的边界);在"Output raster"框中进行输出路径以及输出名称的设置(本实验命名为"Extract_插值"),具体设置如图 16-26,最后结果如图 16-27 所示。

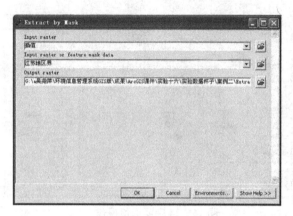

图 16-26　进行出图的裁剪设置

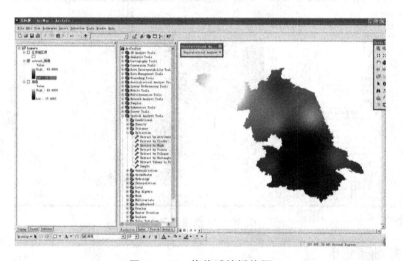

图 16-27　裁剪后的插值图

步骤2:插值图颜色调节。在左栏内容框中选中"Extract_插值"(即裁剪后的插值图),点击鼠标右键,在出现的对话框中选择"Properties"后会出现"Layer Properties"对话框。在"Layer Properties"对话框中,进行颜色的调节(图16-28)。

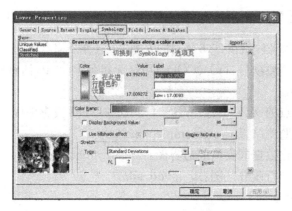

图 16-28 "Layer Properties"对话框

步骤 3：与"江苏省地区界"进行叠加显示。

(1) 在 ArcMap 中，仅留下"Extract_插值"、"江苏省地区界"。相关操作：选择需要去除的图层，右击鼠标，在弹出框中选择"Remove"，将其去除。

(2) 再调整"江苏省地区界"至图层的最上端。

(3) 设置"江苏地区界"的颜色显示：图形填充为空白，边界为黑色。

(4) 结果如图 16-29。

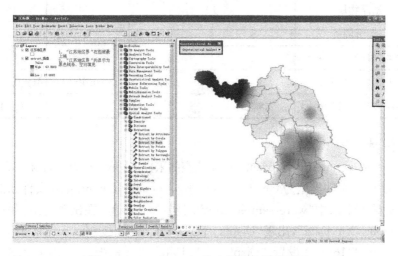

图 16-29 ArcGIS 江苏水位信息插值结果

步骤 4：对于已出图 16-29，添加图例等必要附件，规范出图。

【案例三】厦门市 2006 年同安湾 COD 监测结果空间插值图

厦门市环境监测站在 2006 年对同安湾进行了水质采点监测。相关资料有：

（1）水质监测项目：DO、COD、DIN（无机氮）、DRP（活性磷酸盐）、SPM（悬浮颗粒物）。

（2）采样点的 X, Y 坐标：WGS84 球体的 UTM 投影坐标。

（3）水质监测结果：watersamplepoint.gdb。

（4）矢量化数据同安湾的边界图：tonganwanborder.shp。

（5）厦门市行政分区图：xz_fenqu.shp。

1. 实验要求

（1）用 tonganwanborder.shp 设置插值范围。

（2）根据表 16 - 1 进行图像显示分级，生成空间分辨率为 100m 的 COD 插值图

表 16 - 1　海水水质标准（单位：mg/L）

项　目	水 质 类 别			
	第一类	第二类	第三类	第四类
悬浮物质	10		100	150
溶解氧	6	5	4	3
化学需氧量≤(COD)	2	3	4	5
无机氮≤(以 N 计)	0.20	0.30	0.40	0.50
活性磷酸盐≤(以 P 计)	0.015		0.030	0.045

2. 实验步骤

（1）根据 watersamplepoint.gdb 生成空间采样点图 watersamplepoint.shp。

① 加载文件类型为 Geodatabase 的 watersamplepoint.gdb 文件，在左栏内容对话框中选中"watersamplepoint"图层，右击鼠标，在出现的对话框中选择"Display XY Data"，出现"Display XY Data"对话框。

② 按图 16 - 30 设置"Display XY Data"对话框中。其中，对话框中"X Field"选择"X"列（属性文件中 X 列记录了采样点的经度信息），"Y Field"选择"Y"列（属性文件中 Y 列记录了采样点的纬度信息）。

③ 投影选择 WGS84 的北半球 50zone，因为厦门市位于东经 118°04′04″、

图 16-30　ArcGIS 生成空间采样点图设置

北纬 24°26′46″附近(至于 UTM 投影分带规则,一般有 3 度带和 6 度带,建议找一本专业的书籍来学习)。操作:"Edit"—"Select"—"Projected Coordinate Systems"—"UTM"—"WGS1984"—"WGS1984 UTM Zone 50N"。

④ 最后结果如图 16-31 所示。

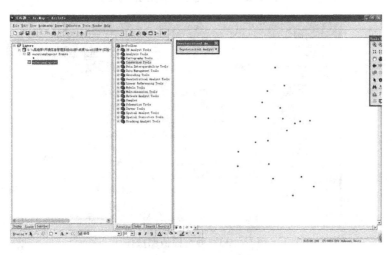

图 16-31　ArcGIS 同安湾水质监测点位创建结果

(2) 利用 watersamplepoint.shp 对 COD 进行空间插值。

① 利用 IDW 进行空间插值：点击"ArcToolbox"—"Spatital Analyst Tools"—"Interpolation"—"IDW"，出现 IDW 对话框。如图 16 - 32 进行设置。

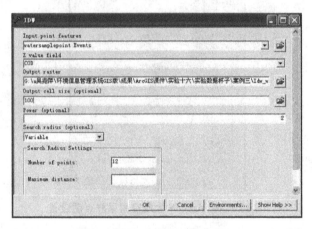

图 16 - 32 插值操作设置

② 利用 tonganwanborder.shp 进行裁剪插值图：点击"ArcToolbox"—"Spatital Analyst Tools"—"Extraction"—"Extract by Mask"，出现"Extract by Mask"对话框。按图 16 - 33 进行设置，结果如图 16 - 34。

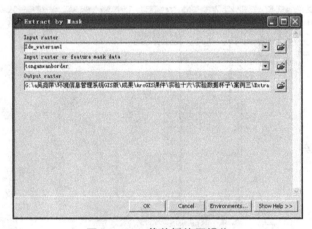

图 16 - 33 裁剪插值图操作

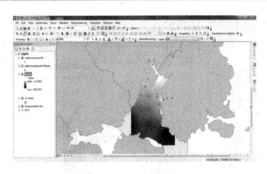

图 16-34　插值结果

③ 分类显示：在左栏对话框中，选中裁剪过的插值图（Extract_Idw_1），点击鼠标右键，在弹出框中选择"Properties"，按图 16-34 设置出现的"Layer Properties"对话框，如图 16-35 和图 16-36 所示。

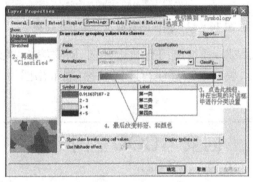

图 16-35　分类显示（1）

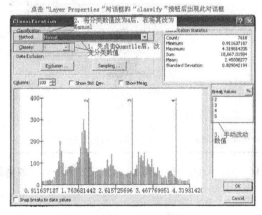

图 16-36　分类显示（2）

④ 最终结果如图 16-37 所示。

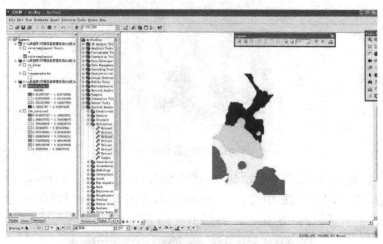

图 16-37　插值图裁剪及分类显示结果图

（3）根据插值结果，叠加厦门行政边界图、同安湾边界图（将两幅图显示格式更改为无填充、黑线条），标注行政区名称，规范出图为"同安湾 COD 空间分布图.jpg"。

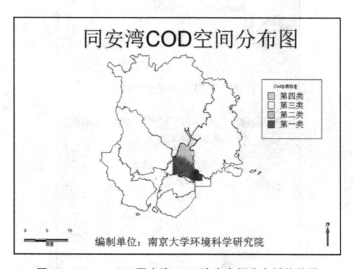

图 16-38　ArcGIS 同安湾 COD 浓度空间分布插值结果

空间插值常用于将离散点的测量数据转换成连续的数据曲面,其理论假设是:空间位置上越靠近的点,越可能具有相似的特征值,而距离越远的点,其特征值相似的可能性越小。空间插值包括内插和外推两种算法。前者是通过已知点的数据计算同一区域内其他未知点的数据,后者则是通过已知区域的数据,求未知区域的数据。主要的内插方法有:反距离加权(IDW)、全局多项式(GPI)、局部多项式(LPI)、径向基函数(RBF)、克里格内插(Kriging)。

内插方法

(三)空间分析专题图

【案例四】城市建设用地扩张分析专题图制作

(1)城市土地利用分析图的制作

对于给定的矢量图(图 16-39),参照表 16-2,通过查询选择出每一种土地并赋予不同颜色,规范出图可得城市土地利用图(图 16-40)。

图 16-39 连云港土地利用覆盖矢量图

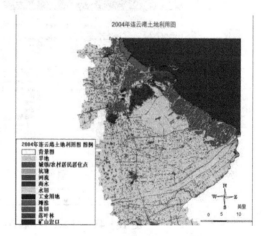

图 16-40 ArcGIS 连云港土地利用专题地图创建结果

表16-2　连云港GRIDCODE对应的土地利用类型

GRIDCODE	对应的土地利用类型	GRIDCODE	对应的土地利用类型
0	背景值	7	坑塘
1	水田	8	河流
2	旱地	9	水库
3	城镇/农村居民点用地	10	盐田
4	工业用地	11	常绿林
5	海水	12	落叶林
6	滩涂	13	矿山宕口

实验步骤：

① 加载"2004class"。在最左边的内容对话框中选中"2004class"，点击鼠标右键，在弹出框中选择"Properties"，出现"Layer Properties"对话框。

② 在"Layer Properties"对话框中，按图16-41进行设置。

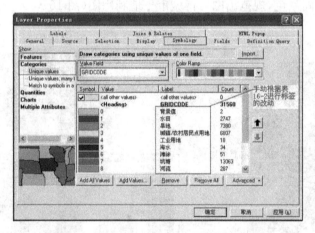

图16-41　"Layer Properties"对话框设置

③ 在最左边的内容对话框中对"2004class"每个用地类型的显示颜色进行改变：双击各个颜色块如图16-42，在出现的对话框中进行颜色改动。

④ 规范出图，结果如图16-40。

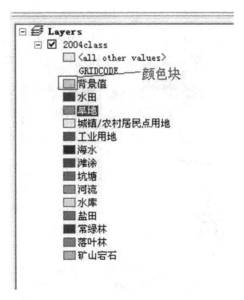

图 16-42　进行颜色的设置

(2) 对照表 16-2,把图 16-39 和图 16-40 中的"城镇/农村居民点用地"与"工业用地"作为 2004 年建设用地,选择出建设用地,制成连云港 2004 年建设用地图(图 16-43)。

图 16-43　ArcGIS 2004 年连云港建设用地空间分布专题图

实验步骤：

① 选择要素：点击菜单栏上"Selection"—"Select by Attributes"，在出现的"Select by Attributes"对话框中按照图 16-44 进行设置。

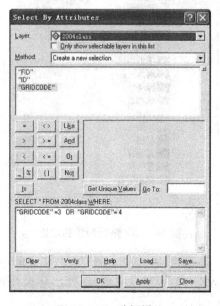

图 16-44 选择操作

② 将选择要素生成图层：要素选择后，在左栏选中"2004class"，右击鼠标，在弹出框中选择"Data"—"Export Data"，按图 16-45 设置出现的"Export Data"对话框。

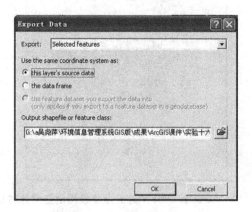

图 16-45 选择要素生成图层

③ 进行规范出图。结果如图 16-43 所示。
同理,制作 2008 年连云港建设用地图(图 16-46)。

图 16-46 ArcGIS 2008 年连云港建设用地空间分布专题图

(3) 将两个年份的建设用地图叠加,运用"擦除"方法,将 2004 年建设用地部分从 2008 年建设用地中擦除,得到 2004~2008 年间新增建设用地图,可对新增用地着色,规范出图操作并最终出图。亦可在图上进行定量分析。

图16-47 ArcGIS 2004~2008 年间连云港建设用地空间扩展分析结果专题图

实验步骤：

① 点击"ArcToolbox"—"Analysis Tools"—"Overlay"—"Erase"，出现"Erase"对话框。在出现的"Erase"对话框中按图 16-48 进行设置，结果如图 16-47 所示。

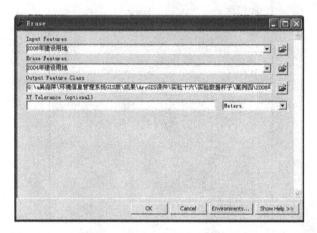

图 16-48 "Erase"对话框设置

利用 MapInfo 制作专题地图

（一）网格专题图制作

格网（Grid）专题图是用散布于地面的多个采样点的属性数据（例如高程、土壤元素值、水样分析值等），经过插值形成一幅在空间连续的格网图。并可进一步处理成三维图。

【案例一】山地三维图

1. 山地三维图制作

从"格网图练习数据"中打开"pointMAP（即高程点图）"和"遮罩图（即山轮廓图）"，见图 16-49。之后，创建专题图，调出图 16-50，并选择"缺省格网"。确定后，按照图 16-51 设置，其中遮罩图的用途是只在山地轮廓内形成格网图，轮廓外不参与成图。确定后生成格网图如图 16-52 所示。

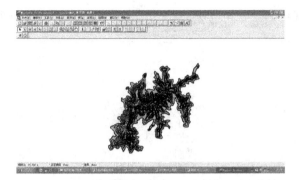

图 16-49　MapInfo 高程点图与山轮廓图

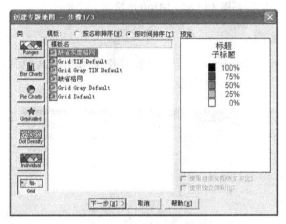

图 16-50　格网图制作

图 16-51　设置格网图参数

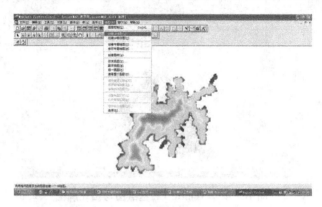

图 16-52　MapInfo 格网图效果图

2. 制作三维图

步骤见图 16-53～图 16-55，如果需要对图片做其他利用，可以考虑另存为图片后在 Photoshop 中编辑。

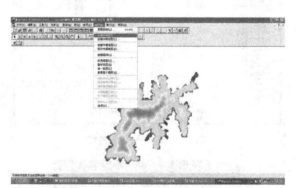

图 16-53　制作三维图步骤 1

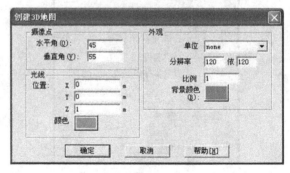

图 16-54　步骤 2（设定颜色、视角、分辨率、垂直比例）

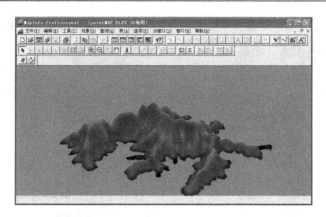

图 16 - 55　MapInfo 三维效果图

3. 结果提交

用鼠标旋转观看并在三维图上查高程值。利用 Save window as 保存成图片,插入 Word 页面提交。

(二) 空间插值图制作

【案例二】江苏省水位站分市区空间插值图

(1) 打开江苏省地区界图(图 16 - 56),对已统计出的各市区内水位站数(图 16 - 57)进行空间插值。

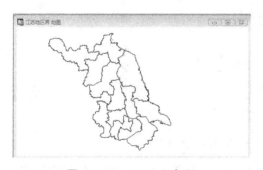

图 16 - 56　MapInfo 打开江苏省行政边界图

	count11	avg
0	33	
0	21	
100	64	
100	26	
100	27	
0	35	
0	32	
0	41	
0	44	
100	24	
0	18	
100	17	
0	41	

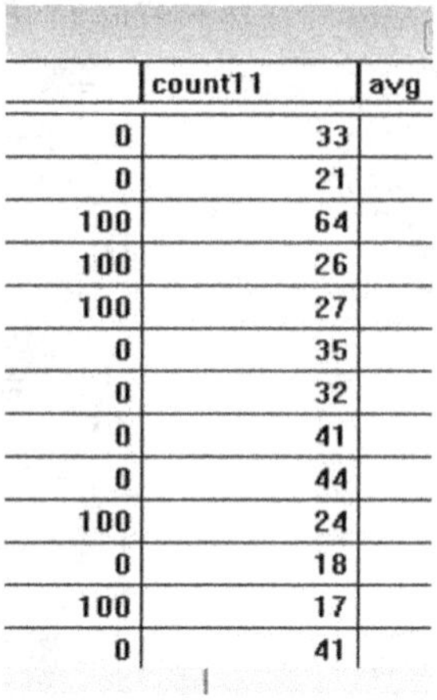

图 16 - 57　MapInfo 江苏行政边界图内各市区水位站数

(2) 选择"地图"菜单下的"创建专题地图",选择"格网"→"缺省格网"(如图 16-58),点击下一步。

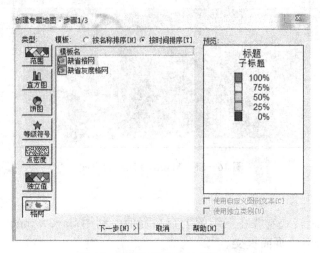

图 16-58 选择创建缺省格网图

(3) 在对话框(图 16-59)中,"字段"选择相应要统计字段,裁剪格网表选择"江苏地区界"(注意:若选择"无"则出图无边界)。点击下一步。

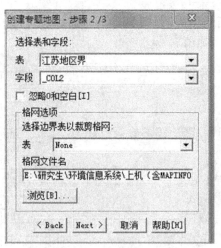

图 16-59 创建格网图参数选择

(4) 在对话框(图 16-60)中,分别在各个子选项中设置格网插值格式,对于"插值器"选项,本次操作选择"IDW"插值器,选择完毕后点击确定出图。

图 16-60 格网创建插值器选择

（5）对于已出图像（图 16-61），添加图例等必要附件，规范出图。

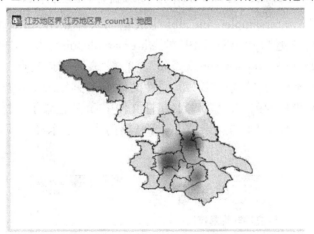

图 16-61 MapInfo 江苏水位信息插值结果

【案例三】厦门市 2006 年同安湾 COD 监测结果空间插值图

厦门市环境监测站在 2006 年对同安湾进行了水质采点监测，水质监测项目包括：DO、COD、DIN（无机氮）、DRP（活性磷酸盐）、SPM（悬浮颗粒物）。采样点的 X，Y 坐标（是 WGS84 球体的 UTM 投影坐标）以及水质监测结果见

watersamplepoint.dbf。已有矢量化数据同安湾的边界图(tonganwanborder. TAB)以及厦门市行政分区图(xz_fenqu. TAB)。

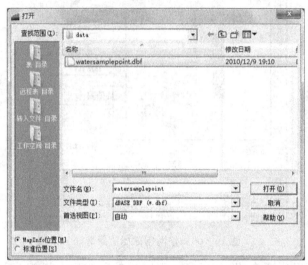

图 16-62　在 mapinfo 中打开水质监测点位数据库文件

（1）根据 watersamplepoint.dbf 生成空间采样点图 watersamplepoint.tab，打开文件类型为 dBASE DBF 的 watersamplepoint.dbf 文件，选择文件字符集为"No character set conversion"。单击"表"→"创建点"，出现的对话框中"取得 X 坐标的列"选择"X"列（属性文件中 X 列记录了采样点的经度信息），"取得 Y 坐标的列"选择"Y"列（属性文件中 Y 列记录了采样点的纬度信息）。投影选择 WGS84 的北半球 50zone（厦门市位于东经 118°04′04″、北纬 24°26′46″附近）。

图 16-63　打开数据库文件时文件字符集筛选

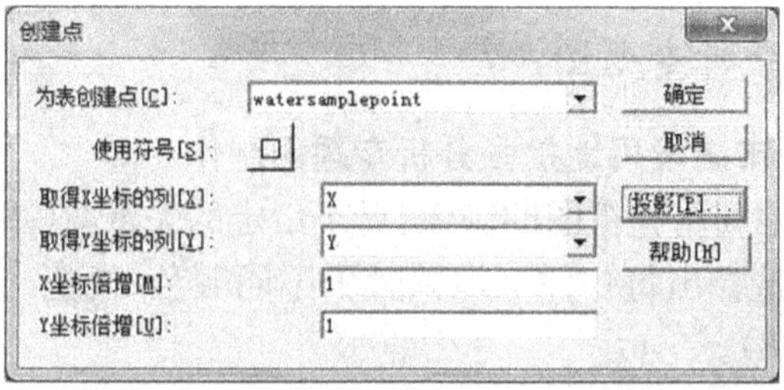

图 16-64　MapInfo 通过点位数据库文件的 X、Y 坐标创建点

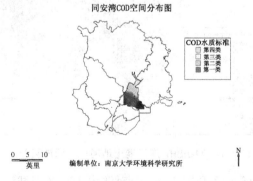

图 16-65　MapInfo 同安湾水质监测点位创建结果

（2）利用 watersamplepoint.tab 对 COD 进行空间插值（要求用 tonganwanborder.TAB 设置插值范围），要求根据表 16-1 中的数字分级（也就是在样式的方法中先选择等值范围再改为自定义范围，变形数 COD 取 4，最后按照表 16-1 输入几个关键边界点的值），生成空间分辨率为 100 m 的 COD.mig。其他具体过程见案例二。

（3）根据插值结果，叠加厦门行政边界图、同安湾边界图，标注行政区名称，规范出图成"同安湾 COD 空间分布图.jpg"。

图 16-66　MapInfo 同安湾 COD 浓度空间分布插值结果

（三）空间分析专题图

【案例四】城市建设用地扩张分析专题图制作

（1）城市土地利用分析图的制作：对于给定的矢量图（图16-67），参照表16-2，通过查询选择出每一种土地并赋予不同颜色，规范出图可得城市土地利用图（图16-68）。

图16-67　打开连云港土地利用覆盖矢量图

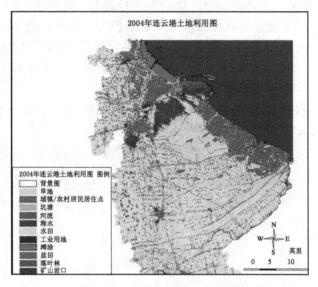

图16-68　MapInfo连云港土地利用专题地图创建结果

（2）对于图16-67和图16-68，对照表16-2把城镇/农村居民点用地一类与工业用地一类挑选出来作为 2004 年建设用地,选择出建设用地,制成连云港 2004 年建设用地图(图 16-69)。

图 16-69　MapInfo 2004 年连云港建设用地空间分布专题图

(3) 同理,制作 2008 年连云港建设用地图(图 16-70)。

图 16-70　MapInfo 2008 年连云港建设用地空间分布专题图

(4) 将两个年份的建设用地图叠加,运用"擦除"的方法,将 2004 年的建设用地部分从 2008 年的建设用地中擦除,由此得到 2008 年新增的建设用地图(图16-71),可对于新增用地进行着色,规范出图操作最终出图。并可在图上进行一些定量分析。

图16-71 MapInfo 2004~2008年间连云港建设用地空间扩展分析结果专题图

三、复习要点

(1)学会如何制作格网。

(2)掌握如何进行空间插值,了解空间插值各参数的含义,了解插值器的选取。

(3)学会制作城市土地利用图以及城市建设用地扩张图,在此基础上能够定量分析城市建设用地扩张情况。

(4)强调规范出图与出图美观。

实验十七　ArcMap 和 MapInfo 热链接

一、实验目的

学习并掌握操作：当点击图上某一图形对象（多边形、线条、点符号）时，如同网页的链接效果，会自动调出与这一图形对象相关的图像、文字、影像、声音等信息。例如，景点的说明介绍、学校的照片、点污染的照片等。本练习实现当用鼠标点击某省时，该省会的图片会自动跳出显示。

二、实验内容

在 ArcGIS 中的操作

（一）实验数据与方法

数据：Provinces.shp 文件、各省会的照片文件。

方法：通过 ArcMap 设定链接，在属性表填入与每个多边形相关的文件（照片）名称与路径。当点击某个多边形时，计算机自动找合适的软件，打开该文件。这需要先在 provinces.shp 属性表上新建一列（图 17-1），放置要链接的文件地址与名称（包括文件属性名）。在资源管理器中确定要链接的照片文件存放位置，在"Layer Properties"对话框的"Display"选项页上设定该列为热链接地址（Hyperlinks）即可，如图 17-2。在 ArcMap 窗口用热链接工具单击对象，可激活并显示要调用的文件。

（二）热链接具体操作

（1）加载中国分省地图 provinces.shp，打开其属性表。通过"Options"—"Add Field"在属性表上增加一列（Text 格式，宽度 200），例如，列名可设为照片地址，点击确定。

（2）调出"Editor"工具条，将 provinces.shp 设为编辑状态。选择你所熟悉的 4 个省会城市照片，在相应属性列中填入省会图片的存放路径，例如 C:\jh1270.jpg 保存（图 17-1）。

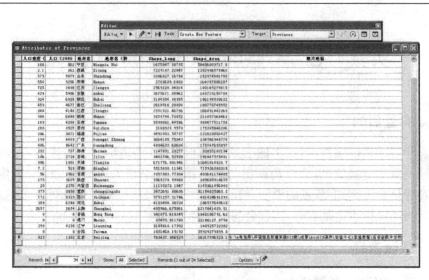

图 17-1　ArcGIS 在属性表中增加图片热链接

(3) 在左栏内容对话框中选择"provinces. shp"图层,点击鼠标右键,在弹出框中选择"Properties"。在"Layer Properties"对话框的"Display"选项页中点击"Hyperlinks"设定链接的列名称(照片地址),如图 17-2。

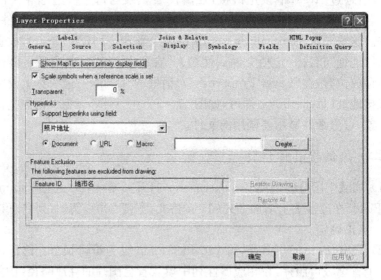

图 17-2　ArcGIS 中 HyperLinks 设定

(4) 利用"Tools"工具条上的热链接工具(黄色闪电符号) ,点击北京的多边形,可以看到要显示的北京照片。点击观看效果。

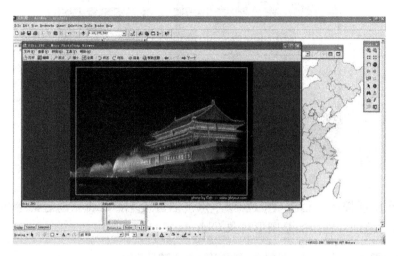

图 17-3　北京照片显示效果图

在 MapInfo 中的操作

(一) 实验数据与方法

数据:各省 tab 数据、各省会照片文件。

方法:通过 MapInfo 设定链接,在属性表填入与每个多边形相关的文件(照片)名称与路径。当点击某个多边形时计算机自动找合适的软件,打开该文件。这需要同学先在 provinces. tab 属性表上新建一列(图 17-4),放置要链接的文件地址与名称(包括文件属性名)。在资源管理器中确定要链接的照片文件存放位置。在图层控制对话框上设定该列为热链接地址(hotlink)(图 17-5)。然后就可使用了。在 MapInfo 窗口用热链接工具单击对象就可激活并显示要调用的文件。

(二) 热链接具体操作

打开中国分省地图,浏览属性表。通过"表→维护→表结构"在属性表上增加一栏(字符型,宽度 20,),例如列名可设为照片地址。点击确定。

再次打开地图。选择你所熟悉的 4 个省会城市照片进行链接,在相应属性表中填入省会图片的存放路径,例如"C:\jh1270.jpg",保存(图 17-4)。

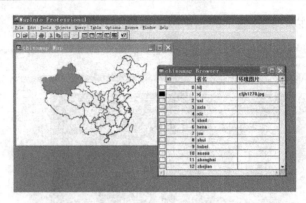

图 17-4　MapInfo 在属性表中增加图片热链接

在图层控制对话框(图 17-5),点击热链接 HotLink→设定链接的列名称(照片地址),连接的是图形对象 Objects.

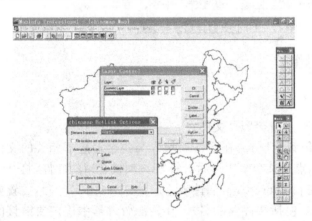

图 17-5　MapInfo 在 HotLink 设定　　　　图 17-6

利用主工具条上的热链接工具(黄色闪电符号),如图 17-6 所示。点击新疆的多边形,可以看到要显示的乌鲁木齐市照片。点击观看效果。

三、复习要点

了解 ArcMap 和 MapInfo 热链接的主要内容。

实验十八 综合应用

——利用 ArcGIS 和 MapInfo 进行生态适宜度评价

一、实验目的

学会图层叠置的基本操作。

二、实验内容

【案例】生态适宜度评价

（一）问题的提出

2007年，受某人民政府的委托，由某环评单位对某经济开发区进行环境影响评价。根据国家《开发区区域环境影响评价技术导则》(HJ/T131—2003 2003-09-01 实施)，需要对评价区域进行格网化处理，并分析每个格网对某用地(如居住用地、工业用地等)的生态适宜度。

据此与规划用地进行比较分析，分析开发区用地选址与布局合理性，表18-1是工业用地生态适宜度评价指标体系及指标权重。

表 18-1 工业用地单因子分级标准

评价因子 \ 级别	不适宜	基本适宜	很适宜	权重
主导风向(该区域主导风向为东南风)	上风向	侧上风向或远离上风向	偏下风向或下风向	0.25
大气质量状况	<0.4	0.4~0.6	>0.6	0.1
距主要道路距离	>1 km	0.5 km~1 km	<0.5 km	0.2
距排污管网距离	>1 km	0.5 km~1 km	<0.5 km	0.2
距敏感目标距离	<0.5 km	0.5 km~1 km	>1 km	0.25
评 分	0	9	18	/

我们采用分级打分与加权求和的方法得到最终生态适宜度结果，适宜度的分级见表18-2。

表 18-2　工业用地综合指标评价分级标准

综合指标评价值	分　级	评　述
$R \geqslant 13.5$	一	很适宜
$8.1 < R < 13.5$	二	基本适宜
$R \leqslant 8.1$	三	不适宜

(二) 问题求解

在 ArcGIS 中的操作

1. 制作分析格网

要求：① 在网格属性表中增加 6 个字段，分别记录 5 个评价因子和最终综合因子得分值；② 单元格尺寸为 117 m 寸为 GB；③ 网格为 11 行、14 列。

实验步骤：

(1) 网格制作。

① 打开"开发区边界.shp"(如图 18-1)，点击"ArcToolbox"—"Data Management Tools"—"Feature Class"—"Create Fishnet"，按照图 18-2 进行设置，生成 Polyline 类型的网格数据(如图 18-3)。

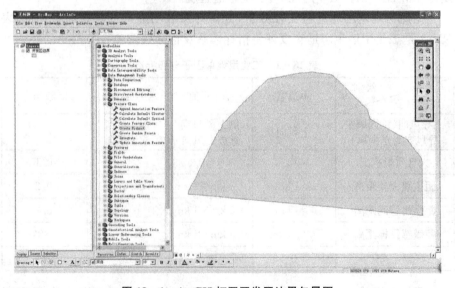

图 18-1　ArcGIS 打开开发区边界矢量图

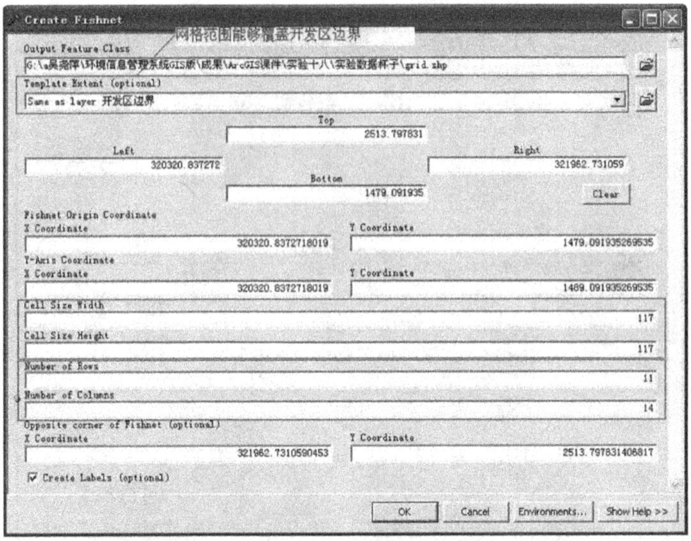

图 18-2　ArcGIS 创建网格矢量图的参数设置

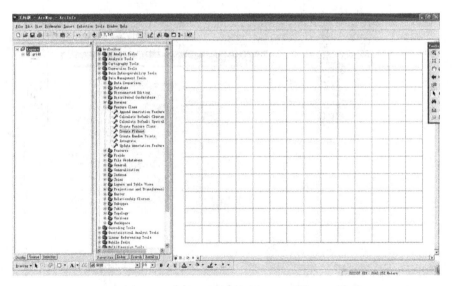

图 18-3　ArcGIS 创建的网格矢量图

② 将网格转成 Polygon 类型数据。点击"ArcToolbox"—"Data Management Tools"—"Features"—"Feature To Polygon",按照图 18-4 进行设置,生成 Polygon 类型的网格数据,名为"grid_FeatureToPolygon"(图 18-5)。

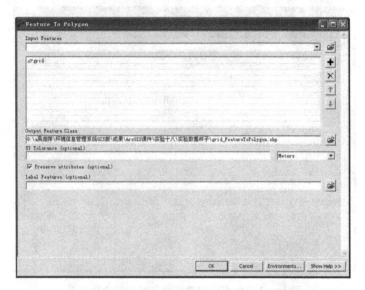

图 18-4　将 Polyline 类型网格转成 Polygon 类型网格的参数设置

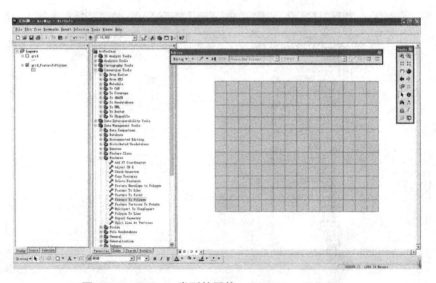

图 18-5　Polygon 类型的网格:grid_FeatureToPolygon

(2) 属性列添加。按表 18-3 进行网格矢量图"grid_FeatureToPolygon"的属性列添加。

表 18-3 网格矢量图"grid_FeatureToPolygon"属性列

字 段	类 型	字 段	类 型
主导风向	Float	大气质量状况	Float
距主要道路距离	Float	距排污管网距离	Float
距敏感目标距离	Float	综合指标评价	Float

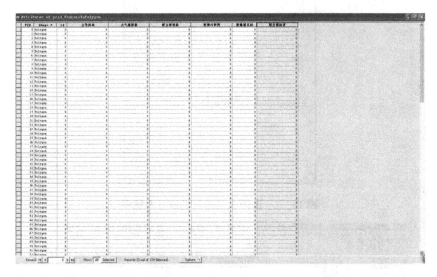

图 18-6 网格矢量图(grid_FeatureToPolygon)属性列添加结果

2. 距主要道路距离

说明:在"土地利用矢量"图的属性表中,type 字段值为 8 的就是主要道路。

方法说明:① 按照表 18-1 做两个缓冲区,分别是 0~0.5 km 和 0.5~1 km;② 利用查询功能,查询与 0~0.5 km 缓冲区相切的网格,选择出来;③ 网格矢量图属性表中对应的该字段 value 值改为 18;④ 利用查询功能查询与 0.5~1 km 缓冲区相切的网格,选择出来;⑤ 将网格矢量图属性表中对应字段的 value 值改为 9,剩下的网格自然就保留原来的初始值 0。

实验步骤仅以查询与 0~0.5 km 缓冲区相切的网格和更改其 value 值为例,0.5~1 km 缓冲区相切的网格步骤与其相似。

实验步骤:

(1)选择主要道路:点击菜单栏"Selection"—"Select By Attributes",出

现"Select By Attributes"对话框,按图 18-7 进行设置,选择结果如图 18-8 所示。

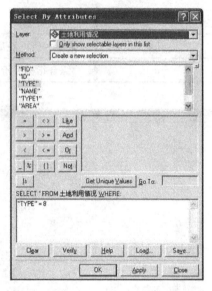

图 18-7 选择主要道路的设置示意图

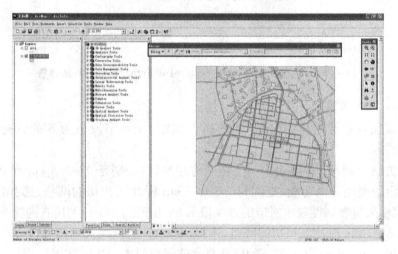

图 18-8 选择主要道路结果图

(2) 缓冲区制作:调出缓冲区工具—冲区制作。调出缓冲区工具 1"工具 ⊢▪┤"(详见实验 12:创建缓冲区)。点击"Buffer Wizard"工具,在出现的对话框中按图 18-9 至图 18-11 进行操作,结果如图 18-12 所示。

第二部分 地理信息系统实验 · 199 ·

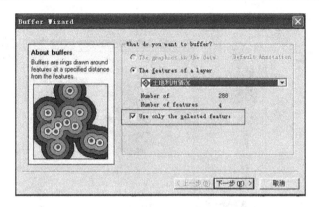

图 18-9 生成缓冲区矢量图设置(1)

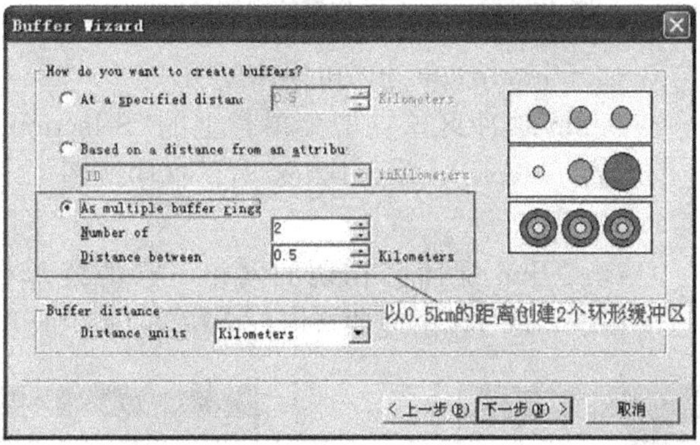

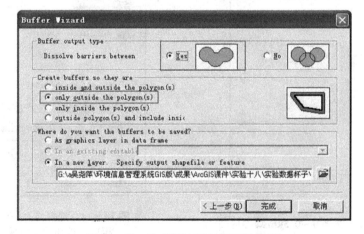

图 18-10 生成缓冲区矢量图设置(2)

图 18-11 生成缓冲区矢量图设置(3)

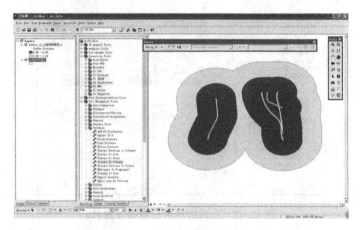

图 18-12　ArcGIS 生成的缓冲区效果图

(3) 选择与 0~0.5 km 缓冲区相切的网格。

① 选择 0~0.5 km 缓冲区。点击菜单栏上的 "Selection"—"Select By Attributes",在出现的 "Select By Attributes" 对话框中按图 18-13 所示进行设置。

② 选择与 0~0.5 km 缓冲区相切的网格。点击菜单栏上的 "Selection"—"Select By Location",在出现的对话框中按图 18-14 进行设置。

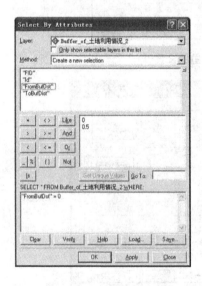

图 18-13　选择 0~0.5km 缓冲区

图 18-14　选择与 0~0.5 km 缓冲区相切的网格操作

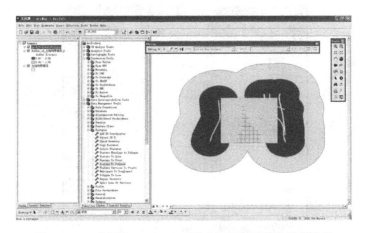

图 18-15　选择与 0～0.5 km 缓冲区相切的网格操作结果

(4) 为与 0～0.5 km 缓冲区相切的网格赋值。在进行步骤(3)后,将网格矢量图"grid_FeatureToPolygon"设置为可编辑状态,打开"grid_FeatureToPolygon"图的属性表。

① "距主要道路"列赋值:选择"距主要道路"列,点击鼠标右键,在弹出框中选择"Field Calculator"(图 18-16),按图 18-17 设置出现的"Field Calculator"对话框。结果如图 18-18 所示。

由于该开发区全部位于主要道路 1 km 缓冲区范围内,所以其余格网"距主要道路"列值设为 9。

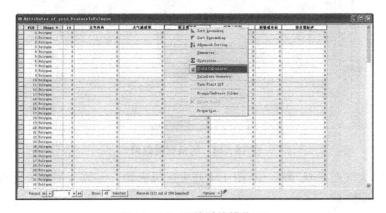

图 18-16　网格赋值操作(1)

图 18-17　网格赋值操作(2)

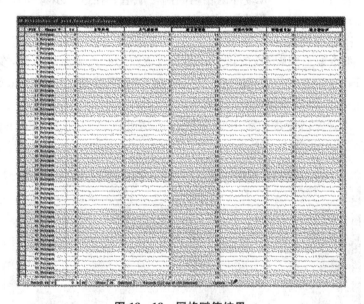

图 18-18　网格赋值结果

②"大气质量状"列赋值:由于该开发区风速均>0.6,大气环境质量很适宜,故全部赋 18。

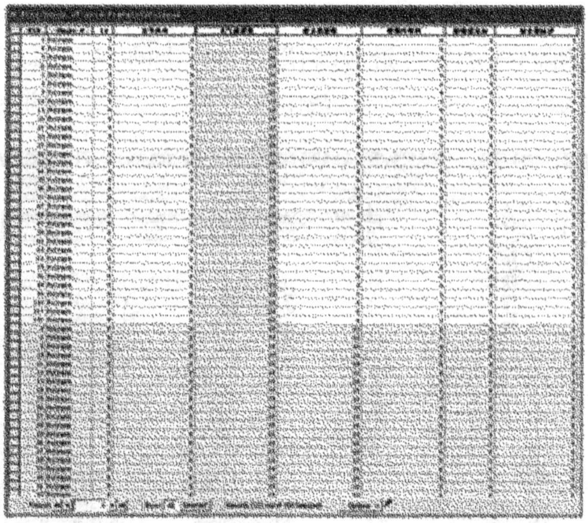

图 18-19　大气环境质量属性列的赋值结果

③ "主导风向"列赋值:已知该地区主导风向为东南风,总共有 154 个网格,用目测法判断,靠近东南角的 45 个网格作为上方向,中间 54 个网格作为基本适宜区,西北角 55 个网格作为下风向。首先,将"主导风向"属性列全部赋值为 1,操作如图 18-20 所示。然后,清除(非删除)选中的要素后,选中西北角 55 个网格:按住 Shift 键进行多要素选择,如图 18-21 所示。将选中的 55 个网格赋值为 18,操作如图 18-22 所示。接着,清除(非删除)选中的要素后,选中东

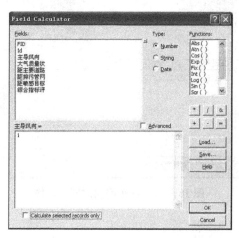

图 18-20　"主导风向"属性列赋值操作

南角45个网格:按住 Shift 键进行多要素选择,将选中的45个网格赋值为0。最后,清除(非删除)选中的要素后,利用菜单栏上的"Selection"—"Select By Attributes"查找出中间54个网格,操作如图18-23所示),并赋值为9。

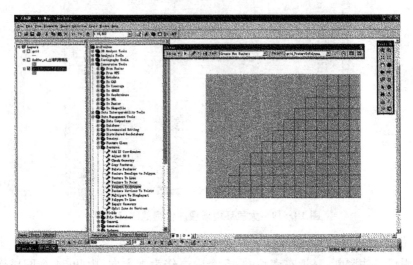

图 18-21 主导风向指标的目视识别法选择西北角55个网格

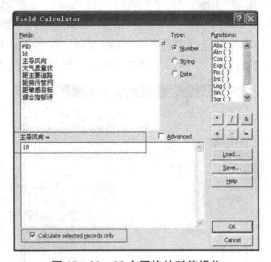

图 18-22 55个网格的赋值操作

图 18-23 查找中间 54 个网格的操作说明

3. 距主要管网距离

参考"2. 距主要道路距离"的操作,对"距排污管网"属性列进行赋值。

4. 距敏感目标距离

参考"2. 距主要道路距离"的操作,对"距敏感目标"属性列进行赋值。

5. 计算综合指标评价值

如图 18-24 所示,并根据表 18-2,对网格进行分级填色。

图 18-24 ArcGIS 生态适宜综合指标计算

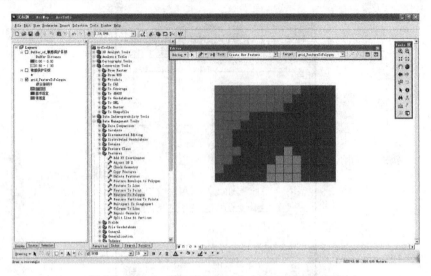

图 18-25　ArcGIS 工业用地生态适宜度评价结果

6. 最终出图操作

需要按照综合评分值做出颜色分级专题图，把开发区边界、规划工业用地、土地利用图的河流湖泊沟塘用地（type1=2）、村民住宅用地（type1=7）、现有道路用地（type1=8）、规划道路用地（type1=9）叠加上去，以规范出图。

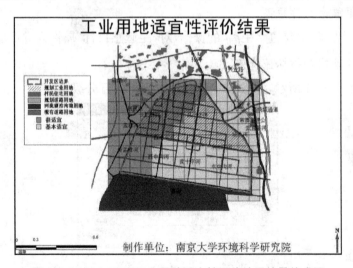

图 18-26　ArcGIS 工业用地适宜性评价结果的最终成图

在 MapInfo 中的操作

(1) 制作分析格网(117 m×117 m)，在网格中增加六个字段，分别记录 5 个评价因子和最终综合因子得分值。打开开发区边界.TAB，找到边界东南西北四个方位点，记录下 4 个点的坐标，开始创建网格，单击"工具"→"网格制作"→"创建网格"。重投影成"开发区边界.TAB"的投影方式，线间距为 500 m，填入最东南西北的 4 点坐标，创建"grid.tab"。

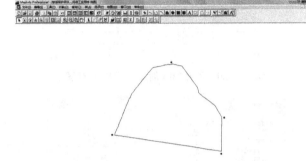

图 18-27　MapInfo 打开开发区矢量图

图 18-28　MapInfo 创建网格矢量图的参数设置

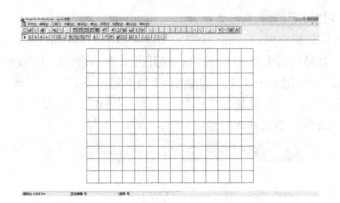

图18-29　MapInfo创建的网格矢量图

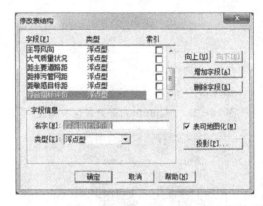

图18-30　MapInfo在网格矢量图属性表中增加字段

(2) 以距主要道路(在土地利用矢量图属性表中Type1字段值是8的就是主要道路)距离指标为例进行方法说明：第一先按照表18-1做2个缓冲区，分别是0~0.5 km、0.5~1 km；然后利用查询功能查询与0~0.5 km缓冲区相切的网格并选择出来，网格矢量图属性表中对应的该字段Value值改为18，同样利用查询功能查询与0.5~1 km缓冲区相切的网格并选择出来，网格矢量图属性表中对应的该字段Value值改为9，剩下的网格自然就保留原来的初始值0。

下图以查询与0~0.5 km缓冲区相切的网格和更改其Value值为例，0.5~1 km缓冲区相切的网格步骤相似。

单击"工具"→"同心环形缓冲区"→"创建同心环形缓冲区"。

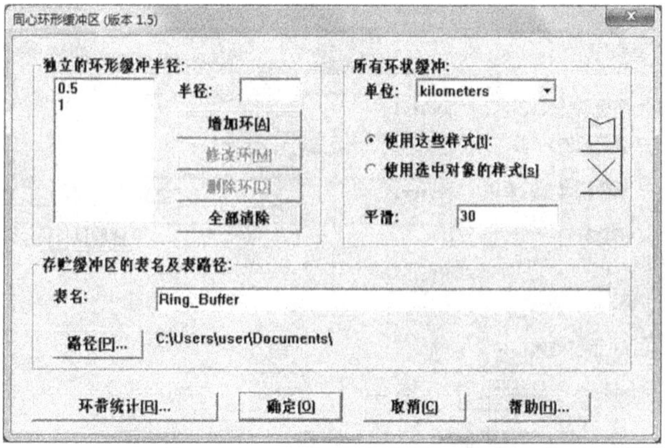

图 18-31 生成缓冲区矢量图

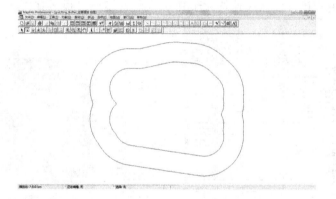

图 18-32 生成的缓冲区效果

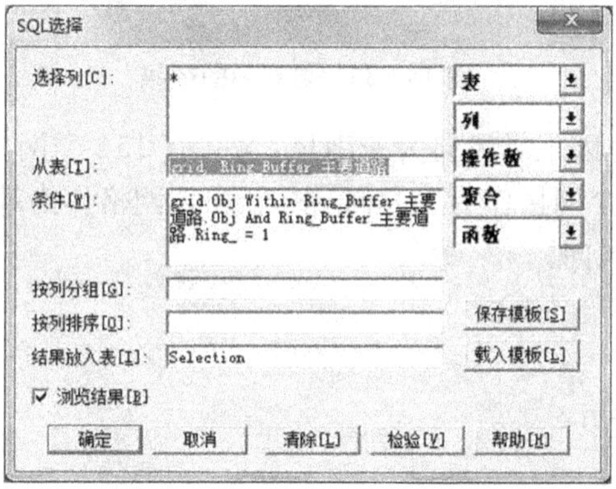

图 18-33 SQL 选择操作

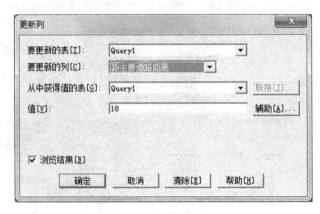

图 18-34　更新列参数设置

(3) 由于该开发区风速均大于 0.6，大气环境质量很适宜，故全部赋 18。

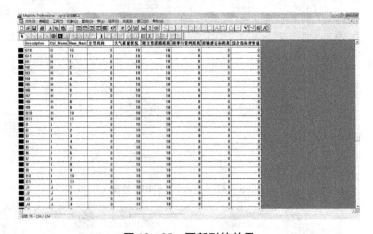

图 18-35　更新列的效果

已经知道该地区主导风向为东南风，总共有 154 个网格，用目测法判断，靠近东南角的 45 个网格作为上方向，中间 54 个网格作为基本适宜区，西北角 55 个网格作为下风向。

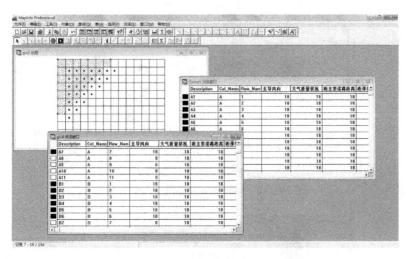

图 18-36　主导风向指标的目视识别法

（4）计算综合指标评价值，并根据表 18-2，对网格进行分级，填充不同颜色。

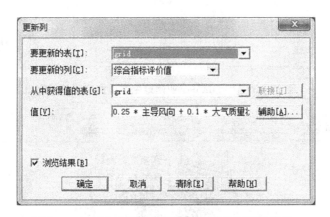

图 18-37　生态适宜综合指标计算公式设置窗口

（5）最后出图需要按照综合评分值制作颜色分异的专题图，把开发区边界、规划工业用地、土地利用图的河流湖泊沟塘用地（Type1 字段值是 2）、村民住宅用地（Type1 字段值是 7）、现有道路用地（Type1 字段值是 8）、规划道路用地（Type1 字段值是 9）叠加上去规范出图。

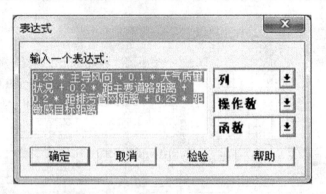

图 18-38　MapInfo 生态适宜度表达式

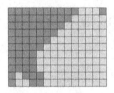

图 18-39　MapInfo 工业用地生态适宜度评价结果

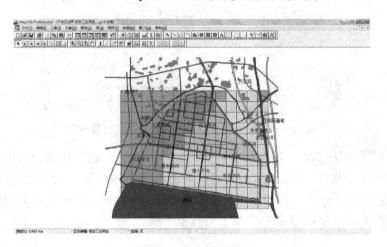

图 18-40　叠图后效果

图 18-41 最后出图

附 录

ArcMap 上机模拟考试题(一)

总 分		题号	一	二	三	四
		题分	10	10	10	10
合分人		得分				

得分	评卷人	复查人

一、(共 10 分)难度级别★★☆☆☆

厦门市环境监测站在 2006 年对同安湾进行了水质采点监测,水质监测项目包括:DO、COD、DIN(无机氮)、DRP(活性磷酸盐)、SPM(悬浮颗粒物)。采样点的 X,Y 坐标(WGS84 球体的 UTM 投影坐标)以及水质监测结果(watersamplepoint.gdb)。已有的矢量化数据有同安湾的边界图(tonganwanborder.Shp)以及厦门市行政分区图(xz_fenqu.shp)。

(1) 已知厦门市位于东经 118°04′04″、北纬 24°26′46″附近,请考虑 UTM 投影是第几带(zone?);根据 watersamplepoint.gdb 生成空间采样点图:watersamplepoint.shp。(1 分)

(2) 利用 watersamplepoint.shp 对 COD、DIN 进行空间插值(要求用 tonganwanborder.shp 设置插值范围),要求根据表 1 中的数字分级,生成空间分辨率为 100m 的 COD.mig、DIN.mig。(5 分)

表 1 海水水质标准(单位,mg/L)

项 目	水 质 类 别			
	第一类	第二类	第三类	第四类
悬浮物质	10		100	150
溶解氧≥	6	5	4	3
化学需氧量≤(COD)	2	3	4	5

续 表

项 目	水 质 类 别			
	第一类	第二类	第三类	第四类
无机氮≤(以 N 计)	0.20	0.30	0.40	0.50
活性磷酸盐≤(以 P 计)	0.015	0.030		0.045

(3)根据(2)的插值结果,叠加厦门行政边界图、同安湾边界图,标注行政区名称,规范出图成"同安湾 COD 空间分布图.jpg"、"同安湾 DIN 空间分布图.jpg",另外要求保存工作空间 COD.mxd、DIN.mxd。(4 分)

得分	评卷人	复查人

二、(共 10 分)难度级别★★☆☆☆

原国家环境保护总局自然生态保护司于 2003 年 5 月颁布《生态县、生态市、生态省建设指标(试行)》(环发[2003]91 号),旨在对生态省/市/县的建设进行考评。要建成生态省,需要 80%以上的地市达到生态市(地)建设指标要求,而一个城市达到生态市标准,有两个重要的指标需要得到足够的重视,这两个指标是工业用水重复率、城镇生活污水集中处理率,对应的生态市标准值分别为城镇生活污水集中处理率要≥70%以及工业用水重复率要≥50%。2007 年,江苏省 13 个地级市工业用水重复利用情况、城镇生活污水处理情况见"江苏省 13 个地级市 2007 年环境统计数据.gdb",该 gdb 中有四个字段:城市名称、totalwater、waterreuse、treatmentr,分别是 13 个地级市的名称、总用水量、重复用水量、城镇生活污水集中处理率。另外,还有江苏地区界.shp 矢量数据。

(1) 在 ArcMap 中打开"江苏省 13 个地级市 2007 年环境统计数据.gdb"(字符集选最后一个 no character set conversion),打开江苏地区界.shp,江苏地区界.shp 属性表中新增两个字段,分别是 gongyechongfu(记录工业用水重复利用率)、chengzhenchuli(记录城镇生活污水集中处理率),与打开的江苏省 13 个地级市 2007 年环境统计数据.gdb 进行字段关联操作,给 gongyechongfu、chengzhenchuli 进行赋值,这两个字段的值单位都是%。(3 分)

(2) 挑选出工业用水重复利用率和城镇生活污水集中处理率都达到生态市考核标准的城市,另存为双达标.shp;挑选出工业用水重复利用率达标而城镇生活污水集中处理率未达标的城市,另存为工业单达标.shp;挑选出城镇生活污水集中处理率达标而工业用水重复利用率未达标的城市,另存为城镇生活单达标.shp；挑选出工业用水重复利用率和城镇生活污水集中处理率都未达到生态市考核标准的城市，另存为双未达标.shp。(3分)

(3) 把双达标.shp、工业单达标.shp、城镇生活单达标.shp、双未达标.shp、江苏地区界.shp这5幅图合理叠加在一起，规范出图为"江苏省13个地级市工业和城镇生活两个重要指标生态市考核达标空间分布图.jpg"。要求江苏地区界.shp标注出"市名称；I:工业用水重复率数具体数值；C:城镇生活污水集中处理率具体数值"（红色部分为需要根据具体城市给出具体值的，工业用水重复率和城镇生活污水集中处理率取整数）；还要求出的图能够很好区分双达标、工业单达标、城镇生活单达标以及双未达标到底有哪些城市；需要在出的图中空白的地方写上"江苏省现状达到生态市标准的城市有＿＿＿＿个，达到生态市标准的城市占全省的比例为＿＿＿＿"

(4) 最后，要求保存出图工作空间为jsshengtaicity.mxd。

得分	评卷人	复查人

三、(共10分)难度级别★★★☆☆

2009年2月江苏省环境保护厅公布了《江苏省重要生态功能保护区区域规划》，重要生态功能保护区共12种类型。这些重要生态功能保护区是敏感的环境保护区，会产生大量排污或者会产生生态破坏的工业等建设项目均需避开这些区域。

2010年江苏省环境保护厅委托南京大学环境科学研究所根据《江苏省重要生态功能保护区区域规划》对这些重要生态功能区进行空间矢量化工作。现有的数据中minganqu.shp就是江苏沿海三个城市(连云港、盐城、南通)范围内的重要生态功能保护区的空间矢量化结果，其中该shp文件中的属性表里有一个字段为id，id对应的重要生态功能区类别见表2。另外，还要江苏沿海三市的行政边界(cityborder.shp)以及盐城镇行政边界(yanchengzhenborder.shp)。

表2 Id所对应的重要生态能区类别

Id	名称	Id	名称
1	养殖区	4	自然与人文景观保护区
2	增殖区	5	森林保护区
3	水源地保护区	6	浴场

续 表

Id	名称	Id	名称
7	盐田保护区	12	连云港花果山地质公园
8	湿地生态保护区	13	云台山自然保护区
9	大丰麋鹿自然保护区	14	启东长江口北支河口湿地自然保护区
10	丹顶鹤自然保护区	15	东台中华鲟湿地自然保护区
11	辐射沙洲	16	特殊产业保护

（1）对于 minganqu.shp 的矢量化结果，江苏省环保厅提出修改意见，认为应该按照"江苏沿海遥感影像图以及需要矢量化的沿海养殖区图.jpg"中红线范围，将养殖圈出并增加到 minganqu.shp 中。要圈出养殖区首先需要对"江苏沿海遥感影像图以及需要矢量化的沿海养殖区图.jpg"进行配准，这需要根据 jiaozhengpoint.shp 的校正参考点 x、y 坐标对"江苏沿海遥感影像图以及需要矢量化的沿海养殖区图.jpg"进行配准，配准后生成"江苏沿海遥感影像图以及需要矢量化的沿海养殖区图.shp"。(2 分)

（2）根据配准后的"江苏沿海遥感影像图以及需要矢量化的沿海养殖区图.shp"对图中画红线的养殖区进行矢量化操作，所有矢量化的养殖区斑块 id 值均赋值为 1，并增加进 minganqu.shp 中。(4 分)

（3）打开盐城镇行政边界图(yanchengzhenborder.shp)，筛选出重要生态功能区分布的乡镇，另存为 yanchengkeytown.shp，作为限制开发区。(2 分)

（4）把 yanchengkeytown.shp、minganqu.shp、yanchengzhenborder.shp 叠加在一起，规范出图为"江苏沿海重要生态功能区及盐城限制开发区.jpg"。其中，yanchengkeytown.shp 不需要有填充色，只需要有一个虚线或实线的外框，yanchengzhenborder.shp 需要标注镇的名称，minganqu.shp 需要按照上面的表 2 做出分类（即需要创建专题图层）。最后，保存出图工作空间为 yanchengminganqu.mxd。(2 分)。

得分	评卷人	复查人

四、(共 10 分)难度级别★★★★☆

新《江苏省太湖水污染防治条例》规定"太湖流域实行分级保护，划分为三级保护区：太湖湖体、沿太湖湖岸 5 千米区域、入湖河道上溯 10 千米以及沿岸两侧各 1 千米范围为一级保护区；主要入湖河道上溯 10 千米至 50 千米以及沿岸两侧各1千米范围为二级保护区。"现在,有武进区的河流分布 shapefile 矢量数据(wujinriver.shp)、太湖湖体 shapefile 矢量数据(taihu.shp)、常州市武进区行政边界数据(wujinriver.shp)、武进区镇边界矢量数据(wujinzhen.shp)、鬲湖矢量数据(gehu1.shp)。

(1) 以上述数据为基础,制作太湖一级保护区范围,生成 yijibaohuqu.shp。(2分)

(2) 制作太湖二级保护区范围,生成 erjibaohuqu.shp。(2分)

(3) 在 wujinzhen.shp 属性表中生成三个字段:bilv1、bilv2、bilvtotal,前两个字段分别记录镇一级、二级保护区面积占镇总面积比率,bilvtotal=bilv1+bilv2。这三个字段单位均是%。(2分)

(4) 利用 bilvtotal 字段生成渐变颜色分级的专题图,并把太湖、鬲湖、河流信息叠上去,需要标注河流名称、镇名称、太湖、鬲湖,最后规范出图成"常州市武进区各镇保护区面积比例.jpg",另外,要求保存工作空间 wujin_taihu.mxd。(4分)

ArcMap 上机模拟考试题(二)

总 分		题 号	一	二	三	四
		题 分	10	10	10	10
合分人		得 分				

得 分	评卷人	复查人

一、(共 10 分)难度级别★★☆☆☆

南京大学环境科学研究所于 2009 年对江苏沿海三市化工企业的爆炸及污染事故按照时间与发生的空间位置进行梳理汇总,排查的时间范围为 2006 年到 2009 年间,排查的结果见 shigupoint.gdb,shigupoint.gdb 中有 8 个字段,字段名分别为:id、time、city、district、name、fashengdi、x、y,分别记录:事故编号、发生时间、发生城市、发生区县、事故名称、发生地、发生地的 x 坐标和 y 坐标(这些坐标是 UTM WGS84 地理坐标)。另外,还有沿海三市的行政边界图 cityborder.shp。已知,江苏省沿海三市的经度范围大概为 119 度到 120 度之间。考虑它应该是 zone 第几分带?

(1) shigupoint.dbf 生成空间点图 shigupoint.shp,注意创建点的时候,字符集选最后一个"no character set conversion"。(2 分)

(2) shigupoint.shp 属性表中的 fashengdi 字段中记录的是事故发生地,显而易见只要发生地有"园"或者"区"的,就说明事故发生的地点在工业园区之内,而无"园"或者"区"的就说明发生地点在工业园区之外。请在 shigupoint.shp 属性表中新增一个字段 inyuanqu,如果发生地点在工业园区内,则 inyuanqu 等于 1,否则等于 0。(2 分)

(3) shigupoint.shp 属性表中的 time 字段记录的是事故发生的具体年月日时间,请在 shigupoint.shp 属性表中新增一个字段 year,记录事故发生的具体年份,即把月日删去。(2 分)

(4) 把 shigupoint.shp 和 cityborder.shp 叠加在一起,需要根据 shigupoint.shp 属性表的 year 字段生成专题图,即该专题图中需要区分不同年份,把事故点表达成不同的样式。最后,规范出图成"2006~2009 年江苏沿海三市事故统计分析结果.jpg"。另外,需要保存出图工作空间为 shigufenxi.

mxd。(4分)

得分	评卷人	复查人

二、(共 10 分)难度级别★★★☆☆

2010年,厦门市翔安区规划新建光电产业集中区,光电产业园的边界范围见 chanyeyuanborder. shp,规划的工业用地范围见 guihuayongdi. shp。光电产业园区边界范围内以及周边的主要环境敏感点有农村居民点 villages. shp 以及中小学 schools. shp。区域主要河流为 rivers. shp(由东北向西南流)。光电产业集中区规划新建污水处理厂,污水处理厂的尾水排放口见 paiwukou. shp。另外,还有一幅无任何坐标的"光电产业园遥感影像图. jpg"。根据国家颁布的环境影响评价导则,需要对新建的开发区建设前后大气、地表水、噪声、生态等方面进行环境影响预测与评估分析。其中,在预测环境影响之前首先要明确大气、地表水、噪声评价范围,需要对区域内的大气、地表水等方面进行布点监测,利用遥感影像数据对区域内的绿色植被进行调查分析。

(1) 根据查找得到的 villages. shp 的 x、y 坐标(查询该图到底是什么坐标体系)对"光电产业园遥感影像图. jpg"进行地图配准,生成光电产业园遥感影像图. shp。(2分)

(2) 把"光电产业园遥感影像图. shp"图中的绿色植被部分进行矢量化操作,生成 zhibei. shp。把 zhibei. shp 与 guihuayongdi. shp 叠加在一起,经过相关操作,得到规划工业用地侵占绿色植被的空间分布 zhibeisunshi. shp。(2分)

(3) 已知该地区主导风向为东北风,根据环境影响评价导则,请制作一个向西南方向倾斜的把 chanyeyuanborder. shp 框起来的矩形(要求生成的文件为 airfanwei. shp),作为该光电产业园区的大气环境影响评价范围。制作一个 chanyeyuanborder. shp 外扩 200 m 的边界(要求生成的文件为 noicefanwei. shp)作为该光电产业园区的噪声环境影响评价范围。制作以排污口为节点,沿 rivers. shp 上游 500 m 以及下游 2 km 作为该光电产业园区的地表水环境影响评价范围(要求生成的文件为 waterfanwei. shp,线文件)。(4分)

(4) 把 zhibeisunshi. shp、airfanwei. shp、waterfanwei. shp、noicefanwei. shp、chanyeyuanborder. shp、guihuayongdi. shp、schools. shp、villages. shp、paiwukou. shp、rivers. shp 叠加在一起,规范出图为"翔安光电产业园环境影响评价基础信息图. jpg"(要求用必要的颜色区别、样式区别等反映出必要的信息,使得读者能够看得明白)。另外要求保存出图工作空间为 mapbasic. mxd。(2分)

得分	评卷人	复查人

三、(共 10 分)难度级别★★★★☆

遥感影像数据具有动态、及时、覆盖面广的特点,是比较适用于不同尺度土地利用监测的主要手段。现在有两幅已经解译好的连云港土地利用分类图,分别是 2004 年的土地利用分类图(2004class.shp)和 2008 年的土地利用分类图(2008class.shp),分类图的属性表中有一个字段叫 GRIDCODE,该字段的数值对应的土地利用类型见表1。另外,还有连云港县区边界图(lygcounty.shp)。

表 1 连云港 GRIDCODE 对应的土地利用类型

GRIDCODE	对应的土地利用类型	GRIDCODE	对应的土地利用类型
0	背景值	7	坑塘
1	水田	8	河流
2	旱地	9	水库
3	城镇/农村居民点用地	10	盐田
4	工业用地	11	常绿林
5	海水	12	落叶林
6	滩涂	13	矿山宕口

(1) 把 2004class.shp 和 2008class.shp 中的背景图(即 GRIDCODE=0 的斑块)删掉。(1 分)

(2) 把 2004 年土地利用分类图中的"城镇/农村居民点用地"一类与"工业用地"一类挑选出来作为 2004 年建设用地,另存为 2004construction.shp;把 2008 年土地利用分类图中的"城镇/农村居民点用地"一类与"工业用地"一类挑选出来作为 2008 年建设用地,另存为 2008construction.shp。(2 分)

(3) 把图 2004construction.shp 和 2008construction.shp 叠在一起,经过相关操作,生成建设用地扩张变化图 expansion.shp。expansion.shp 中存在字段"fenlei",fenlei 字段主要记录两个信息:一是 2004 年建设用地(fenlei 字段的值为1);二是 2004 到 2008 年间新增的建设用地(fenlei 字段的值为2)。(2 分)

(4) 把图 2004class.shp 和 2008construction.shp 叠在一起,经过相关操作,生成"非建设用地转建设用地.shp"。"非建设用地转建设用地.shp"中存在字段"fenlei",fenlei 字段主要记录:水田变建设用地(fenlei 字段的值为 3)、旱地变建设用地(fenlei 字段的值为 4)、盐田变建设用地(fenlei 字段的值为

5)、常绿林或者落叶林变矿山宕口（fenlei 字段的值为 6）。（3 分）

（5）把 expansion.shp 生成有颜色区分的专题地图，用该 shp 中 fenlei 字段的 1 和 2 两个值进行分类，再和 lygcounty.shp 叠加在一起，规范出一张图"连云港 2004～2008 建设用地空间扩展图.jpg"。把非建设用地转建设用地.shp，生成有颜色区分的专题地图，用该 shp 中 fenlei 字段的 3～6 的值进行分类，再和 lygcounty.shp 叠加在一起，规范出图为"连云港 2004～2008 非建设用地转建设用地空间分析结果.jpg"。另外，要求上述出图的工作空间均保留，分别为连云港 2004～2008 建设用地空间扩展图.shp、连云港 2004～2008 非建设用地转建设用地空间分析结果.shp。（2 分）

得分	评卷人	复查人

四、（共 10 分）难度级别★★★★★

续第三题。具体数据的描述见第三题。

景观生态学（Landscape Ecology）是城市生态学的一个重要组成部分，是研究在一个大区域内，由许多不同生态系统所组成的整体（即景观）的空间结构、相互作用、协调功能及动态变化的一门生态学新分支。其中，景观格局的测度非常重要，需要借助一些景观格局指数来定量描述，较为常用的几个指数见表 2。这些指数可以分为斑块方面的指数、分类方面的指数以及景观方面的指数。如图 1，每个不规则的多边形就是一个斑块，图中虚线区域就是一个景观分析单元。不同颜色代表不同的类型，例如农田、建设用地、林地等。在图 1 中，假如紫色代表建设用地，那么该虚线景观分析单元中就包括 4 个建设用地斑块。

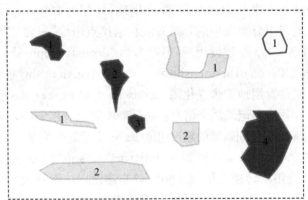

图 1　斑块、类型、景观示意图

表 2　常用的景观格局指数

指数分类	景观格局指数名称	具体公式	举例说明
类型方面指数	面积百分比(PLAND)，单位：%	$\text{PLAND}_i = \dfrac{\sum_{j=1}^{n_i} A_{ij}}{\text{TA}} * 100$ 式中：PLAND_i 为某一类型 i 面积占总的景观分析单元面积的百分比；A_{ij} 为景观分析单元中某一类型 i 的第 j 个斑块，TA 为景观分析单元的总面积；n_i 为景观分析单元中某一类型 i 总共有 n 个斑块	比如要算上图建设用地的 PLAND 就是把图中 4 个紫色斑块的面积求出来后加和在一起然后除以虚线方框的总面积
类型方面指数	最大斑块面积比例（LPI），单位：%	$\text{LPI}_i = \dfrac{\max(A_{i1}, A_{i2}, A_{i3}, \cdots\cdots A_{in})}{\text{TA}} * 100$ 式中：LPI_i 为某一类型 i 最大斑块面积占总的景观分析单元面积的百分比	比如要算上图建设用地的 LPI 就是把图中 4 个紫色斑块的面积求出来后比较这四个斑块的大小，找到最大斑块的面积然后除以虚线方框的总面积
类型方面指数	破碎度指数（PD），单位：个/100 ha	$\text{PD}_i = \dfrac{n_i}{\text{TA}}$ 式中：PD_i 为在某一景观分析单元中某一类型 i 的破碎度	比如要算上图建设用地的 PD 就是先数一下紫色斑块的数量，现在是 4，然后拿 4 除以虚线方框的总面积
景观方面指数	香农多样性指数（SHDI），单位：无量纲	$\text{SHDI} = -\sum_{i=1}^{m} \text{PLAND}_i \times \ln \text{PLAND}_i$ 式中：SHDI 为某一景观分析单元的香农多样性指数；m 为某一景观分析单元内类型的数目	比如要算上图虚线这么一个景观分析单元中的 SHDI，就是先计算不同颜色类型的 PLAND，然后按照左边的公式计算即可。上图中有 4 种颜色，所以总共有 4 种类型，m 就是 4。

(1) 打开 2008class.shp（请查询清楚地理坐标投影），查看这个图左上角坐标和右下角坐标，把 x、y 方向的最大、最小值记录下来。利用制作网格工具，制作覆盖整个 2008class.shp 的边框（要比原区域适当再大些）的 1 km×

1 km 网格,另存为 grid1km.shp。(2 分)

(2) 在 grid1km.shp 属性表中增加以下字段：PLAND、LPI、PD、SHDI，把 grid1km.shp 和 2008construction.shp 叠加进来，按照表 2 中描述的计算公式，经过相关操作，分别计算建设用地占各网格的面积比例、各网格内建设用地最大斑块面积占网格面积比例、各网格建设用地破碎度、各网格香浓多样性指数(香浓多样性指数考虑所有 13 种用地类型)。(5 分)

(3) 以 grid1km.shp 属性表中的 PLAND、LPI、PD、SHDI 生成颜色渐变分类图(即专题图)，把 lygcounty.shp 叠加上去。最后，规范出四张图，分别为"PLAND.jpg"、"LPI.jpg"、"PD.jpg"和"SHDI.jpg"。另外，要求保存工作空间分别为"PLAND.mxd"、"LPI.mxd"、"PD.mxd"、"SHDI.mxd"。(3 分)

MapInfo 上机模拟考试题(一)

总 分		题 号	一	二	三	四
		题 分	10	10	10	10
合分人		得 分				

得分	评卷人	复查人

一、(共 10 分)难度级别★★☆☆☆

厦门市环境监测站在 2006 年对同安湾进行了水质采点监测,水质监测项目包括:DO、COD、DIN(无机氮)、DRP(活性磷酸盐)、SPM(悬浮颗粒物)。采样点的 X,Y 坐标(是 WGS84 球体的 UTM 投影坐标)以及水质监测结果见 watersamplepoint.dbf。已有的矢量化数据有同安湾的边界图(tonganwanborder.TAB)以及厦门市行政分区图(xz_fenqu.TAB)。

(1) 已知厦门市位于东经 118°04′04″、北纬 24°26′46″附近,请考虑 UTM 投影时是第几带(zone?);根据 watersamplepoint.dbf 生成空间采样点图 watersamplepoint.tab。(1 分)

(2) 利用 watersamplepoint.tab 对 COD、DIN 进行空间插值(要求用 tonganwanborder.TAB 设置插值范围),要求根据表 1 中的数字分级,生成空间分辨率为 100 m 的 COD.mig、DIN.mig。(5 分)

表 1　海水水质标准(单位,mg/L)

项　目	水 质 类 别			
	第一类	第二类	第三类	第四类
悬浮物质	10		100	150
溶解氧＞	6	5	4	3
化学需氧量≤(COD)	2	3	4	5
无机氮≤(以 N 计)	0.20	0.30	0.40	0.50
活性磷酸盐≤(以 P 计)	0.015		0.030	0.045

(3) 根据(2)的插值结果,叠加厦门行政边界图、同安湾边界图,标注行政

区名称,规范出图成"同安湾COD空间分布图.jpg"、"同安湾DIN空间分布图.jpg",另外要求保存工作空间COD.wor、DIN.wor。(4分)

得分	评卷人	复查人

二、(共10分)难度级别★★☆☆☆

原国家环境保护总局自然生态保护司于2003年5月颁布《生态县、生态市、生态省建设指标(试行)》(环发[2003]91号),旨在对生态省/市/县的建设进行考评。要建成生态省,需要80%以上的地市达到生态市(地)建设指标要求,而一个城市达到生态市标准,有两个重要的指标需要得到足够的重视,这两个指标是工业用水重复率、城镇生活污水集中处理率,对应的生态市标准值分别为城镇生活污水集中处理率要≥70%以及工业用水重复率要≥50%。2007年,江苏省13个地级市工业用水重复利用情况、城镇生活污水处理情况见"江苏省13个地级市2007年环境统计数据.dbf",该dbf中有四个字段:城市名称、totalwater、waterreuse、treatmentr,分别是13个地级市的名称、总用水量、重复用水量、城镇生活污水集中处理率。另外,还有江苏地区界.TAB数据。

(1) 在MapInfo中打开"江苏省13个地级市2007年环境统计数据.dbf"(字符集选最后一个No character set conversion),打开江苏地区界.TAB,江苏地区界.TAB属性表中新增两个字段,分别是gongyechongfu(记录工业用水重复利用率)、chengzhenchuli(记录城镇生活污水集中处理率),与打开的江苏省13个地级市2007年环境统计数据.dbf进行字段关联操作,给gongyechongfu、chengzhenchuli进行赋值,这两个字段的值单位都是%。(3分)

(2) 挑选出工业用水重复利用率和城镇生活污水集中处理率都达到生态市考核标准的城市,另存为双达标.tab;挑选出工业用水重复利用率达标而城镇生活污水集中处理率未达标的城市,另存为工业单达标.tab;挑选出城镇生活污水集中处理率达标而工业用水重复利用率未达标的城市,另存为城镇生活单达标.tab;挑选出工业用水重复利用率和城镇生活污水集中处理率都未达到生态市考核标准的城市,另存为双未达标.tab。(3分)

(3) 把双达标.tab、工业单达标.tab、城镇生活单达标.tab、双未达标.tab、江苏地区界.TAB这5幅图合理叠加在一起,规范出图为"江苏省13个地级市工业和城镇生活两个重要指标生态市考核达标空间分布图.jpg"。要求江苏地区界.TAB标注出"市名称 I:工业用水重复率数具体数值;C:城镇生活污水集中处理率具体数值"

(红色部分为需要根据具体城市给出具体值的,工业用水重复率和城镇生活污水集中处理率取整数);还要求出的图能够很好区分双达标、工业单达标、城镇生活单达标以及双未达标到底有哪些城市;需要在出的图中空白的地方写上"江苏省现状达到生态市标准的城市有_____个,达到生态市标准的城市占全省的比例为_____?"最后要求保存出图工作空间为 jsshengtaicity.wor。(4 分)

得分	评卷人	复查人

三、(共 10 分)难度级别★★★☆☆

2009 年 2 月江苏省环境保护厅公布了《江苏省重要生态功能保护区区域规划》,重要生态功能保护区共 12 种类型。这些重要生态功能保护区是敏感的环境保护区,会产生大量排污或者产生生态破坏的工业等建设项目均需避开这些区域。2010 年江苏省环境保护厅委托南京大学环境科学研究所根据《江苏省重要生态功能保护区区域规划》对这些重要生态功能区进行空间矢量化工作。现有的数据中 minganqu.tab 就是江苏沿海三个城市(连云港、盐城、南通)范围内的重要生态功能保护区的空间矢量化结果,其中该 tab 文件中的属性表里有一个字段为 id,id 对应的重要生态功能区类别见表 2。另外还要江苏沿海三市的行政边界(cityborder.tab)以及盐城镇行政边界(yanchengzhenborder.tab)。

表 2 id 所对应的重要生态能区类别

id	名称	id	名称
1	养殖区	9	大丰麋鹿自然保护区
2	增殖区	10	丹顶鹤自然保护区
3	水源地保护区	11	辐射沙洲
4	自然与人文景观保护区	12	连云港花果山地质公园
5	森林保护区	13	云台山自然保护区
6	浴场	14	启东长江口北支河口湿地自然保护区
7	盐田保护区	15	东台中华鲟湿地自然保护区
8	湿地生态保护区	16	特殊产业保护

(1)对于 minganqu.tab 的矢量化结果,江苏省环保厅提出修改意见,认为应该将"江苏沿海遥感影像图以及需要矢量化的沿海养殖区图.jpg"图中红线范围的养殖区圈出来增加到 minganqu.tab 中。要圈出养殖区首

先需要对"江苏沿海遥感影像图以及需要矢量化的沿海养殖区图.jpg"进行配准,具体上需要根据 jiaozhengpoint.tab 的校正参考点的 $x、y$ 坐标对"江苏沿海遥感影像图以及需要矢量化的沿海养殖区图.jpg"进行配准,配准后生成"江苏沿海遥感影像图以及需要矢量化的沿海养殖区图.tab"。(2分)

(2) 根据配准后的"江苏沿海遥感影像图以及需要矢量化的沿海养殖区图.tab"对图中画红线的养殖区进行矢量化操作,所有矢量化的养殖区斑块 id 值均赋值为1,并增加进 minganqu.tab 中。(4分)

(3) 打开盐城城镇行政边界图(yanchengzhenborder.tab),筛选出有重要生态功能区分布的乡镇,另存为 yanchengkeytown.tab,作为限制开发区。(2分)

(4) 把 yanchengkeytown.tab、minganqu.tab、yanchengzhenborder.tab 叠加在一起,规范出图为"江苏沿海重要生态功能区及盐城限制开发区.jpg"。其中:yanchengkeytown.tab 不需要有填充色只需要有个虚线或实线的外框;yanchengzhenborder.tab 需要标注镇的名称,minganqu.tab 需要按照上面的表2做出分类(也就是要创建专题图层)。并保存出图工作空间为 yancheng-minganqu.wor。(2分)

得分	评卷人	复查人

四、(共 10 分)难度级别★★★★☆

新《江苏省太湖水污染防治条例》规定"太湖流域实行分级保护,划分为三级保护区:太湖湖体、沿太湖湖岸5千米区域、入湖河道上溯10千米以及沿岸两侧各1千米范围为一级保护区;主要入湖河道上溯10千米至50千米以及沿岸两侧各1千米范围为二级保护区。"现在有武进区的河流分布 shapefile 矢量图(wujinriver.shp)、太湖湖体 shapefile 矢量数据(taihu.shp)、常州市武进区行政边界数据(wujinriver.shp)、武进区镇边界矢量数据(wujinzhen.shp)、鬲湖矢量数据(gehu1.shp)。

(1) 把 wujinriver.shp 、taihu.shp、wujinriver.shp、wujinzhen.shp、gehu1.shp 转成 wujinriver.tab、taihu.tab、wujinriver.tab、wujinzhen.tab、gehu1.tab。(1分)

(2) 以上述数据为基础,制作太湖一级保护区范围,生成 yijibaohuqu.tab。(2分)

(3) 制作太湖二级保护区范围,生成 erjibaohuqu.tab。(2分)

(4) 在 wujinzhen.tab 属性表中生成三个字段(分别是 bilv1、bilv2、bilvtotal),前两个字段分别记录各镇一级、二级保护区面积占镇总面积比率,bilvtotal=bilv1+bilv2。这三个字段单位均是％。(2分)

(5) 用 bilvtotal 字段生成渐变颜色分级的专题图,并把太湖、鬲湖、河流信息叠上去,需要标注河流名称、镇名称、太湖、鬲湖,最后规范出图成"常州市武进区各镇保护区面积比例.jpg",另外要求保存工作空间 wujin_taihu.wor。(3分)

MapInfo 上机模拟考试题（二）

总　分		题　号	一	二	三	四
		题　分	10	10	10	10
合分人		得　分				

得分	评卷人	复查人

一、（共 10 分）难度级别★★☆☆☆

南京大学环境科学研究所于 2009 年对江苏沿海三市化工企业的爆炸及污染事故做了时间排查，排查的时间范围为 2006 年到 2009 年间，排查的结果见 shigupoint.dbf，shigupoint.dbf 中的几个字段，字段名分别为：id、time、city、district、name、fashengdi、x、y，分别记录的是：事故编号、发生时间、发生城市、发生区县、事故名称、发生地、发生地的 x 坐标、发生地的 y 坐标（这些坐标是 UTM WGS84 地理坐标）。另外还有沿海三市的行政边界图 cityborder.tab。已知江苏省沿海三市的经度范围大概为 119 度到 120 度之间，考虑它应该是 zone 第几分带？

（1）shigupoint.dbf 生成空间点图 shigupoint.tab，注意创建点的时候，字符集选最后一个 No character set conversion。（2 分）

（2）shigupoint.tab 中属性表中的 fashengdi 字段中记录的是事故发生地，显而易见只要发生地有"园"或者"区"的就说明事故发生的地点在工业园区之内，而无"园"或者"区"的就证明发生地点在工业园区之外，请在 shigupoint.tab 属性表中新增一个字段 inyuanqu，如果发生地点在工业园区内，则 inyuanqu 等于 1，否则等于 0。（2 分）

（3）shigupoint.tab 中属性表中的 time 字段中记录的是事故发生的具体年月日的时间，请在 shigupoint.tab 属性表中新增一个字段 year，记录的是事故发生的具体年份（即把月日删去）。（2 分）

（4）把 shigupoint.tab 和 cityborder.tab 叠加在一起，需要根据 shigupoint.tab 属性表的 year 字段生成专题图（也就是该专题图中需要区分不同年份把事故点表达成不同的样式），最后规范出图成"2006～2009 年江苏沿海三市事故统计分析结果.jpg"。另外需要保存出图工作空间为

shigufenxi.wor。(4 分)

得分	评卷人	复查人

二、(共 10 分)难度级别★★★☆☆

2010 年厦门市翔安区规划新建光电产业集中区,光电产业园的边界范围见 chanyeyuanborder.tab,规划的工业用地范围见 guihuayongdi.tab。光电产业园区边界范围内以及周边的主要环境敏感点有农村居民点 villages.tab 以及主要中小学 schools.tab。区域主要河流为 rivers.tab(由东北向西南流),光电产业集中区规划新建污水处理厂,污水处理厂的尾水排放口见 paiwukou.tab。另外还有一幅无任何坐标的"光电产业园遥感影像图.jpg"。根据国家颁布的环境影响评价导则,需要对新建的开发区建设前后大气、地表水、噪声、生态等方面进行环境影响预测与评估分析,其中在预测环境影响之前首先要明确大气、地表水、噪声评价范围,需要对区域内的大气、地表水等方面进行布点监测,利用遥感影像数据对区域内的绿色植被进行调查分析。

(1) 根据查找得到的 villages.tab 的 x、y 坐标(查询该 tab 图到底是什么坐标体系)对"光电产业园遥感影像图.jpg"进行地图配准,生成光电产业园遥感影像图.tab。(2 分)

(2) 对着光电产业园遥感影像图.tab,把图中绿色植被部分进行矢量化操作,生成 zhibei.tab。把 zhibei.tab 与 guihuayongdi.tab 叠加在一起,经过一定的操作,得到规划工业用地侵占绿色植被的空间分布 zhibeisunshi.tab。(2 分)

(3) 已知该地区主导风向为东北风,根据环境影响评价导则,请制作一个向西南方向倾斜的把 chanyeyuanborder.tab 框起来的矩形(要求生成的文件为 airfanwei.tab)作为该光电产业园区的大气环境影响评价范围;制作一个 chanyeyuanborder.tab 外扩 200 m 的边界(要求生成的文件为 noicefanwei.tab)作为该光电产业园区的噪声环境影响评价范围;请制作以排污口为节点沿 rivers.tab 上游 500 m 以及下游 2 km 作为该光电产业园区的地表水环境影响评价范围(要求生成的文件为 waterfanwei.tab,线文件)。(4 分)

(4) 把 zhibeisunshi.tab、airfanwei.tab、waterfanwei.tab、noicefanwei.tab、chanyeyuanborder.tab、guihuayongdi.tab、schools.tab、villages.tab、paiwukou.tab、rivers.tab 叠加在一起,规范出图为"翔安光电产业园环境影响评价基础信息图.jpg"(要求用必要的颜色区别、样式区别等反映出必要的信息,使得读者能够看得明白)。另外要求保存出图工作空间为 mapbasic.wor。(2 分)

得分	评卷人	复查人

三、(共 10 分) 难度级别★★★★☆

遥感影像数据具有动态、及时、覆盖面广的特点,是比较适用于不同尺度土地利用监测的主要手段。现在有两幅已经解译好的连云港土地利用分类图,分别是 2004 年的土地利用分类图(2004class.shp)和 2008 年的土地利用分类图(2008class.shp),分类图的属性表中有一个字段叫 GRIDCODE,该字段的数值对应的土地利用类型见表 1。另外还有连云港县区边界图(lygcounty.shp)。

表 1 连云港 GRIDCODE 对应的土地利用类型

GRIDCODE	对应的土地利用类型	GRIDCODE	对应的土地利用类型
0	背景值	7	坑塘
1	水田	8	河流
2	旱地	9	水库
3	城镇/农村居民点用地	10	盐田
4	工业用地	11	常绿林
5	海水	12	落叶林
6	滩涂	13	矿山宕口

(1) 把 2004class.shp、2008class.shp、lygcounty.shp 转成 2004class.tab、2008class.tab、lygcounty.tab。把 2004class.tab 和 2008class.tab 中的背景图(也就是 GRIDCODE=0 的斑块)删掉。(1 分)

(2) 把 2004 年土地利用分类图中的城镇/农村居民点用地一类与工业用地一类挑选出来作为 2004 年建设用地,另存为 2004construction.tab;把 2008 年土地利用分类图中的城镇/农村居民点用地一类与工业用地一类挑选出来作为 2008 年建设用地,另存为 2008construction.tab。(2 分)

(3) 把图 2004construction.tab 和 2008construction.tab 叠在一起,经过一定的操作,生成建设用地扩张变化图 expansion.tab。expansion.tab 中存在这么一个字段"fenlei",fenlei 字段主要记录两个信息,一是 2004 年建设用地(fenlei 字段的值为 1),二是 2004 到 2008 年间新增的建设用地(fenlei 字段的值为 2)。(2 分)

(4) 把图 2004class.tab 和 2008construction.tab 叠在一起,经过一定的操作,生成"非建设用地转建设用地.tab"。"非建设用地转建设用地.tab"中存在这么一个字段"fenlei",fenlei 字段主要记录为:水田变建设用地(fenlei

字段的值为3)、旱地变建设用地(fenlei 字段的值为4)、盐田变建设用地(fenlei 字段的值为5)、常绿林或者落叶林变矿山宕口(fenlei 字段的值为6)。(3分)

(5) 把 expansion.tab(生成有颜色区分的专题地图,用该 tab 中 fenlei 字段的 1 和 2 两个值进行分类)和 lygcounty.tab 叠加在一起规范出一张图"连云港 2004～2008 建设用地空间扩展图.jpg"。把非建设用地转建设用地.tab(生成有颜色区分的专题地图,用该 tab 中 fenlei 字段的 3～6 的值进行分类)和 lygcounty.tab 叠加在一起,规范出图为"连云港 2004～2008 非建设用地转建设用地空间分析结果.jpg"。另外要求上述出图的工作空间均需要保留,分别为连云港 2004～2008 建设用地空间扩展图.wor、连云港 2004～2008 非建设用地转建设用地空间分析结果.wor (2分)

得分	评卷人	复查人

四、(共 10 分)难度级别★★★★★

续第三题。具体数据的描述见第三题。

景观生态学(Landscape Ecology)是城市生态学的一个重要组成部分,是研究在一个相当大的区域内,由许多不同生态系统所组成的整体(即景观)的空间结构、相互作用、协调功能及动态变化的一门生态学新分支。其中景观格局的测度非常重要,需要借助一些景观格局指数来定量描述,较为常用的几个指数见表 2。这些指数可以分为斑块方面的指数、分类方面的指数以及景观方面的指数。如图 1 每个不规则的多边形就是一个斑块,图中虚线区域就是一个景观分析单元,不同颜色代表不同的类型(类型是指比如农田、建设用地、林地等),如图 2 所示,紫色假如代表建设用地,那么该虚线景观分析单元中就包括 4 个建设用地斑块。

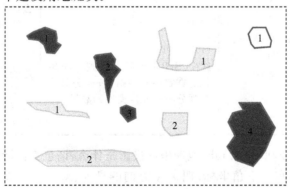

图 1 斑块、类型、景观示意图

表 2　常用的景观格局指数

指数分类	景观格局指数名称	具体公式	举例说明
类型方面指数	面积百分比（PLAND），单位：%	$PLAND_i = \dfrac{\sum_{j=1}^{n_i} A_{ij}}{TA} * 100$ 式中：$PLAND_i$ 为某一类型 i 面积占总的景观分析单元面积的百分比；A_{ij} 为景观分析单元中某一类型 i 的第 j 个斑块，TA 为景观分析单元的总面积；n_i 为景观分析单元中某一类型 i 总共有 n 个斑块	比如要算上图建设用地的 PLAND 就是把图中 4 个紫色斑块的面积求出来后加和在一起然后除以虚线方框的总面积
类型方面指数	最大斑块面积比例（LPI），单位：%	$LPI_i = \dfrac{\max(A_{i1}, A_{i2}, A_{i3}, \cdots\cdots A_{in})}{TA} * 100$ 式中：LPI_i 为某一类型 i 最大斑块面积占总的景观分析单元面积的百分比	比如要算上图建设用地的 LPI 就是把图中 4 个紫色斑块的面积求出来后比较这四个斑块的大小，找到最大斑块的面积然后除以虚线方框的总面积
类型方面指数	破碎度指数（PD），单位：个/100 ha	$PD_i = \dfrac{n_i}{TA}$ 式中：PD_i 为在某一景观分析单元中某一类型 i 的破碎度	比如要算上图建设用地的 PD 就是先数一下紫色斑块的数量，现在是 4，然后拿 4 除以虚线方框的总面积
景观方面指数	香农多样性指数（SHDI），单位：无量纲	$SHDI = -\sum_{i=1}^{m} PLAND_i \times \ln PLAND_i$ 式中：$SHDI$ 为某一景观分析单元的香农多样性指数；m 为某一景观分析单元内类型的数目	比如要算上图虚线这么一个景观分析单元中的 SHDI，就是先计算不同颜色类型的 PLAND，然后按照左边的公式计算即可。上图中有 4 种颜色，所以总共有 4 种类型，m 就是 4。

（1）打开 2008class.tab（地理坐标投影是什么，请也查询清楚），查看这个图左上角坐标和右下角坐标，把 x、y 方向的最大、最小值记录下来。利用制作网格工具，制作覆盖整个 2008class.tab 边界（要适当再稍微大些）的 1 km

×1 km 网格,另存为 grid1km.tab。(2 分)

(2) 在 grid1km.tab 图属性表中增加以下字段:PLAND、LPI、PD、SHDI,把 grid1km.tab 和 2008construction.tab 叠加进来,按照表 2 中描述的计算公式经过一系列操作,分别计算建设用地占各网格的面积比例、各网格内建设用地最大斑块面积占网格面积比例、各网格建设用地破碎度、各网格香农多样性指数(香农多样性指数考虑所有 13 种用地类型)。(5 分)

(3) 以 grid1km.tab 属性表中的 PLAND、LPI、PD、SHDI 生成颜色渐变分类图(也就是专题图),把 lygcounty.tab 叠加上去,最后分别规范出四张图,分别为"PLAND.jpg"、"LPI.jpg"、"PD.jpg"、"SHDI.jpg"。另外要求保存工作空间分别为"PLAND.wor"、"LPI.wor"、"PD.wor"、"SHDI.wor"。(3 分)

图书在版编目(CIP)数据

环境信息系统实验教程：Access 及 ArcGIS 技术应用 / 王远主编. —南京：南京大学出版社，2020.1(2022.7重印)
环境科学与工程实验教学系列教材
ISBN 978-7-305-16301-2

Ⅰ.①环… Ⅱ.①王… Ⅲ.①环境管理-管理信息系统-实验-教材②关系数据库系统-教材③地理信息系统-应用软件-教材 Ⅳ.①X32-33

中国版本图书馆 CIP 数据核字(2015)第 307005 号

出版发行 南京大学出版社
社　　址 南京市汉口路 22 号　　邮　编 210093
出 版 人 金鑫荣

丛 书 名 环境科学与工程实验教学系列教材
书　　名 环境信息系统实验教程——Access 及 ArcGIS 技术应用
主　　编 王远
责任编辑 刘飞　　　　　　编辑热线 025-83592146
照　　排 南京紫藤制版印务中心
印　　刷 广东虎彩云印刷有限公司
开　　本 787×960　1/16　印张 15.25　字数 274 千
版　　次 2020 年 1 月第 1 版　2022 年 7 月第 2 次印刷
ISBN 978-7-305-16301-2
定　　价 45.00 元

网　　址：http://www.njupco.com
官方微博：http://weibo.com/njupco
官方微信：njupress
销售咨询：(025)83594756

* 版权所有，侵权必究
* 凡购买南大版图书，如有印装质量问题，请与所购
　图书销售部门联系调换